录音艺术专业"十二五"规划教材

# 立体声拾音技术

李 伟 袁邈桐 李洋红琳 著

U0251239

中国传媒大学出版社

· 北京 ·

# 目　录

# 绪　论

　　录音艺术是广播、电影、电视、音像出版、互联网、新媒体等现代艺术创作和表现形式中不可或缺的重要组成部分，在这些领域的作用也不容置疑。简单地说，录音就是将在某一声学环境下声音发生的事件借助电子技术手段记录在相应的介质上，然后异时和异地（很少情况是同时同地）将声音重放，使听音人产生在原始声学环境下声音发生事件的想象。录音的形式应包括现场录音、录音棚录音和使用多媒体的计算机音乐制作等。从技术层面上讲，我们将这一过程称为录音技术。

　　录音技术的应用不是录音艺术的全部，但录音艺术发展的每一阶段都反映了人类对录音技术的探索。

　　在录音技术发展的初期，由于录音技术相对落后，对音响的记录和重放都是以"单声道"的形式进行的。"单声道"录音的重放使用一个扬声器来聆听录音节目源，听音人在自然听音状态下由于人的双耳对声源方位具有判断能力而接受到的大量声音信息在录音中被"删除"了。实事求是地说，以音乐素材为例，单声道音响能够包含音乐的大部分信息，如音量变化和音色变化，甚至一定程度上表现空间的远近变化等。这些元素基本上可以传达音乐音响的物理特性和情感内容。但是，单声道音响由于只用一个扬声器进行重放，基本上是由一个"点"在发声，即便使用几个扬声器重放单声道信号，也是通过几个"点"来发声。这样的录音和重放方式会导致在自然状态下音响的大部分空间信息：如左右、上下、前后都无法表达出来。如果说，没有空间信息就不能构成完整的音响的话，单声道录音的重放效果对空间的描述实在是苍白无力的。在单声道阶段，音响的创作手法也较为单一，人们若要享受音响之美，只能在一个发声点里去挖掘。为了弥补这一缺憾，追求更自然的录音重放，人们开始了探索"立体声"的漫长历史。

　　"立体声"的理论基础是"双耳效应"，该理论认为：由于人的双耳位于人头的两侧，假设一点声源位于听音人正前方中轴线上发声，声音到达双耳的时间和强度是一样的；若这一点声源偏离中轴线，双耳的距离便使到达双耳的声音出现了时间差、强度差、相位差和音色差。听音人就是根据这些"差"判断出声源的方位的。

早在 1881 年，人们曾经在巴黎用普通电话线从歌剧院传送双声道立体声节目，这是人类最早的"双耳效应"试验。

1896 年，著名英国物理学家、诺贝尔物理学奖得主瑞利（Lord John Willam Rayleigh，1842—1919）对"双耳效应"进行了较完整的阐述，奠定了立体声理论的物理、生理基础。在后来的几十年里，各国科学家对立体声进行了大量有益的试验。

1920 年，英国哥伦比亚唱片公司录制了三通道立体声唱片。

1925 年，德国柏林电台用两个中波台试播立体声广播。

1932 年，美国贝尔电话实验室在华盛顿和费城之间用高质量电话线传送三通道的交响乐，并进行了最早的立体声心理学测试。

1937 年，立体声电影问世。

可以认为，19 世纪 80 年代到 20 世纪 40 年代是立体声技术发展的第一阶段，即试验阶段。一直到 1943 年，德国柏林帝国广播电台（RRG）第一次用磁带录音机进行立体声音乐录音，才真正开始了立体声录音的实用阶段。德国录音师用两个传声器彼此拉开一定距离，分别放在乐队的"弦乐组高声部"和"弦乐组低声部"前面，模仿人的两只耳朵去"听"音乐，再将两个传声器拾取的电信号分别记录在录音机的左右两条声轨上（实际上，当时还使用了第三个传声器，放在乐队前方的正中位置，这个"中间"传声器拾取的声音信号被平均馈送到录音机的两条声轨上。这第三个传声器完全是技术上的需要，同立体声原理无关）。听音时，左右声轨分别记录的信号由两个扬声器进行重放。由于两路电信号中带有不同的时间差和强度差信息，描绘出了乐队中不同乐器的声音位置，"立体声"得以再现。这一录音试验很快在包括电影制作在内的所有应用领域迅速普及，人类真正进入了立体声时代。

第二次世界大战后，立体声技术发展得很快。1954 年，立体声制品第一次作为商品出售。20 世纪 60 年代，随着盒式录音机的普及，立体声节目进入千家万户，立体声技术也进入其发展的第三阶段——成熟阶段。这一阶段，立体声电影被大批生产，同时人们开始尝试电视立体声广播。

双声道立体声技术的应用使录音技术和艺术前进了一大步。就音响而言，双声道立体声携带了声音在发生和传播过程中大部分的空间信息。它表现最为突出的，就是声像在左右扬声器之间的定位。这基本符合人的双耳在听音时的自然状态，也大大增强了音响空间表现力和情感因素的传达效果。双声道立体声的出现使人们对音响的审美得到了升华，在音质主观评价方面，提出了平衡、对称、变化、和谐、统一等诸原则。

然而，人类对声音的感知是三百六十度全方位的。人们并没有满足于双声道立体声的音响效果而止步不前。技术的进步和审美的要求使环绕立体声应运而生。在电影、电视创作中环绕立体声的引入，使影视声音进入到更高境界，音响的表现力发展到了空前的高度。

后来，随着数字技术、激光技术、大规模集成电路、计算机、新媒体的迅速发展和声音分析与综合技术的广泛应用，人们不仅能高保真地记录和重放自然界中的声音，还能创造出在自然界中不存在的奇妙音响。现代录音技术与计算机音频工作站的普遍应用，使得录音创作理念发生了根本的变革，特别是近几十年来对多声道环绕立体声的探索，尤其近几年，人们又满腔热情地探索 3D 环绕声，使立体声录音技术提高到新的水平。

需要提及的是，人们最初将英语的"stereo"翻译为立体声，这本没有什么错，始料不及的是比"stereo"更为"立体"的所谓"环绕立体声""3D 环绕声"接踵而至，为了防止混淆，人们便将"stereo"强调为"双声道立体声"，或者"2.0 立体声"，当然，在很多明确的场合还是直呼"立体声"。但是，我们清楚，在研究从单声道到双声道立体声的过程中，我们的前辈揭示了人们感知立体声的诸多规律，建立了一系列立体声理论，而在"环绕声""全景声"等进一步的研究中几乎仅仅停留在实践阶段，在理论上没有什么建树。甚至可以说，"环绕声""全景声"，乃至今后可能继续出现的"某某声"都很可能在理论上没有什么突破。也可以说，自"环绕声"之后的所有多声道录音实践都是建立在双声道立体声理论之上的，这个理论的建立是革命性的，它是指导所有多声道录音的理论基础。

无论是研究"双声道立体声""环绕声"，还是"全景声"等，我们关注的主要是拾音和重放两个环节，而重放系统无论有多少声道，有多少层级，它们都是有严格的扬声器摆放标准的，是被固定的，是"死"的。而拾音却是开放的、灵活的，所以说，拾音技术是录音的"灵魂"。

美学是研究人与现实之间审美关系的学科，它是随着社会生产力的进步和科学技术的不断更新而逐步丰富和发展起来的。立体声音乐音响的出现给人们带来了美的享受，也必然引起人们对该现象的审美思考。音响美学作为美学的分支，对它的研究势必遵循美学的基本原则。但由于音响与人的关系具有物理、生理、心理等多方面综合特征，音响美学便具备了科学和艺术的双重属性，是音响学和美学的交融。对立体声音乐音响进行审美，其主体在生理上要有两只健康的耳朵；在心理上要具备对音乐的理解能力和丰富的想象力；同时还需对立体声音乐音响的原理、录音技巧有所了解。对立体声音乐音响审美的探讨不仅关注立体声音响在人类感觉器官引起的主观感受，同时也是设立立体声音响作品评价客观标准的开端。

以音乐录音为例，音乐是通过音响塑造美的艺术，录音是借助电声设备将音响记录并重放的技术过程，故音乐音响便成为音乐录音的开端和终结。严格地说，经过录音和重放再现的音乐音响已不是原始音乐声源的音响了。通过录音，对音乐音响进行创造性的加工处理固然重要，但录音是否真实、自然地再现原始音乐音响是录音中首先要考虑的问题。当爱迪生在一百多年前发明了留声机，人们第一次听到自己的声音被记录并重放出来时的喜悦心情是可想而知的，当时的人们也不会要求声音要具备"真实性"。但当兴奋的人们冷静下来时，他们便开始要求对声音"真实地"记录。一百多年来，人类为追求真实声音的记录和重放做出了不懈的努力，将每一阶段科技发展的最新成果都应用到这一领域；但一直到近些年高保真电声设备的出现，才可以说基本解决了这一问题。在国防工业出版社出版的《电声辞典》中，对"高保真"的解释是"力求准确而如实地记录或重放节目的原有特性，并在主观上不引起可分辨的畸变感觉"。可见，对音乐音响作品的评价，真实是第一位的，最真实的也就是最自然的，也是最美的。可以说，对自然的音乐音响美的追求是音乐音响审美的第一需要。 高保真录音设备为细致入微地塑造音乐音响空间，再现"自然的"音乐音响提供了可靠的技术保证。但也正是因为这些现代化的录音设备为录音师提供了更大的创作天地，音乐音响作品人为的痕迹也越来越重，离自然的音乐音响越来越远。如对声场的塑造不是拾取更多的、真实的现场混响声，而是用人工混响器；对音色的调整，不是靠传声器位置和演奏技巧的调整，而是用均衡器；在录音工艺的选择上不是从音乐出发，而出于其他考虑。笔者最近听了一部在录音棚利用分期分轨方式录制的交响乐作品，虽然一些技术处理无可挑剔，但录音场所和录音工艺的选择本身就破坏了音乐的"交响"性。音乐缺少雄浑的气势和温暖的融合，像是将支离破碎的音乐拼凑在一起。我认为录制这样的交响乐作品，还是用在音乐厅一次合成的方法为好，使用这种最简单的录音工艺，又能获取最真实、最自然的音乐音响，何乐而不为呢！诚然，现代录音设备和工艺有越来越复杂的趋势，但不应使音乐音响创作的理念也复杂了。很简单，就是要创作真实自然的音响。如，20世纪60年代，在西方世界出现的"回归自然"的思潮，人们开着豪华汽车，听着卫星传送的音乐奔向海滨、森林，利用现代文明去回归大自然。这种思潮是德国古典哲学思想的沉淀，也是人思考"现代文明使我失去什么"后做出的解答。目前在音响界也应呼吁"回归自然"，用现代的录音设备去创造"自然的"音乐音响。

当然，在音乐音响中也要防止"自然主义"倾向，不能受自然主义的束缚。录音的魔力就是能创造出许多在真实的自然界中不存在的音响。比如所谓的"太空音乐"，人们想象的宇宙是浩瀚无垠的，便使用长音、滑音，旋律进行也不稳定，并用长混响时间、回声等来表现声音的虚无缥缈，塑造光怪陆离的太空世界。可大自然的太空中因为没有空气，声音是不能传播的，是一片死寂。"假作真时真亦假"。这种音响之所以被人们所认可，就是因为它符合人们的形象思维逻辑，符合人们的审美要求。可以说，对非自然音响的追求是音响审美的最高境界。现在电子音乐的创作领域有一种自然主义的倾向。作曲家用传统的作曲、配器技法，用传统乐器的声音概念去做电子音乐，然后在录音中用音源的"弦乐音色"演奏某一行乐谱，用"管乐音色"演奏另一行乐谱……用这种"替代"方法创作的音乐音响难免不伦不类。电子音乐是高科技的产物，是现代文明在音乐音响界的结晶。但这些音响也是自然界中根本不存在的，在创作中刻意追求传统的乐器音响往往是徒劳的，只有摆脱自然的音乐音响的羁绊，用电子音乐的声音概念去创作，才能创作出好的电子音乐音响作品，这样的作品恰恰容易被人们接受，因为它体现了音乐音响的"自然"。

如果在立体声拾音技术的角度审视我们的录音作品是否"真实""自然"，与上述的论述似乎有些出入了。我们必须清楚一个事实：人们在自然界听到的来自四面八方的声音是由无穷个"点声源"集合而成的，而我们的重放系统永远做不到使用无穷个扬声器。在这个意义上，追求"真实的"声场再现是不可能的，当然也是没有必要的。还有，不要试图用传声器去模仿人耳"听"音，它们根本就不是一回事，在自然界我们听到的所有声源位置都是"实"的，而在重放系统中听到的基本是"虚"的（参照本书 2.2.1），这正是立体声拾音技术的绝妙之处，该技术不苛求所谓的"真实再现"，但是追求严谨的声音逻辑，正像本文开头对录音的定义"……使听音人产生在原始声学环境下声音发生事件的想象"，"假作真时真亦假"，也是不必遗憾的"遗憾"。

很多初学录音的学生经常会问我一个不变的问题："怎样才能录出好的音乐录音作品？"笔者认为，好的音乐录音作品的产生起码离不开以下五个方面。1. 好的音乐创作作品。2. 几近完美的二度创作，即好的演奏 / 演唱。这两个方面不必赘述，不言自明。3. 合适的录音环境，即符合音乐风格的声学环境。这一点往往被忽略，抑或说，录音师往往对选择合适的录音环境无可奈何，但是它确实十分重要。音响本身是物质的自然属性，但当音乐依附在音响载体上被受众接受时，则可呈现出表情功能。在表情信息的传递过程中，作为外在形式的空间音响信息对内容的情感表达起着特定的烘托、渲染作用，这种烘托和渲染也是情感表达的一部分。所以说，空间音响本身也同样具有审美价值，而录音的声学环境就是空间音响的"源"。4. 先进的录音设备。"工欲善其事，必先利其器"，这方面相信没有人有异议，而这一点也是最不必担心的，就我国目前的录音设备应该不是问题，甚至令"老外"羡慕。5. 录音师对技术的掌握和艺术的修养，包括录音师的职业操守、敬业精神、与人沟通和合作的能力等。这方面是我们完全可以自己驾驭的，当然也是最难驾驭的。

录音技术使转瞬即逝的声音"永存"，给人们带来音响美的享受。录音大师需要深刻理解千变万化的声音、需要准确把握形式多样的音乐风格、需要熟练驾驭复杂的录音设备，也需要正确使用立体声拾音技术。

本书旨在对立体声拾音技术中的诸多问题进行探讨。

# 第一章 立体声概况

## 1.1 从单声道到 3D 环绕声

声音在空气中的传播是转瞬即逝的。为了能够将在某一时刻、某一环境下发出的声音异时、异地转移，必须将这一声音信号转换成机械、光和磁等信号进行记录，需要时再将这些存储的信号还原为声信号。这个将声信号向可记录的编码信号转换，并将该信号借助一定手段还原的过程就是录音技术。根据声音转换之后记录和使用的声道数量又将录音技术分成若干种。使用一个声道进行录音和重放的称为单声道录音。使用两个声道，并且两个声道在录音和放音的全部过程中是相互独立、不互相影响，且两个声道信号又有声学上关联的叫双声道立体声，也可简称立体声。20 世纪 70 年代以来，曾出现过四声道立体声，近些年来又出现了多声道环绕声、3D 环绕声等。

**单声道**　单声道录音是只使用一个声道的声电转换技术。在录音时，单声道录音只使用一个传声器，或者将若干个传声器拾取的声音信号混合成为一个声道的记录信号。声音重放时一般使用一个扬声器，或者使用若干个扬声器重放相同的信号。可以说，单声道录音的听音是比较"自然的"。单声道声音信号中较好地保留了原声场中除了左右信息外的其他所有声音成分，包括原声群发声的环境的声学特性，声群的纵深等。单声道录音在使用相同的第二个或多个扬声器进行重放时，声音就有些不自然了。因为在重放房间中，扬声器不仅向听音人直接辐射声能，还会向顶棚、墙面、地面辐射声能。这些界面的声反射使声音延迟，妨碍了声像和定位，尤其对语言录音是十分不利的。单声道录音最大的缺陷是声音还原时所有的声音都来自一个方向，即声源是一个点。

**双声道立体声**　双声道立体声是根据一定的原则，通过两个彼此独立的声道将声群和房间特性记录下来。房间特性指声源的位置，声源的扩展（体积）和距离，还包括直达声、反射声、混响声的状况。重放时将两个独立的声道信号分别送给左右两个按照一定原则摆放的扬声器，结果在听音人的正前方还原了原始声场中声音的左中右位置。双声道立体声无疑能重放出比单声道丰富得多的声音信息，它可重放出整个乐队的宽度感和展开感。每件乐器、每组乐器都可以比较准确地分布到各自的位置，因而在两个扬声器中间呈现出整个乐队完整的声像群。从这个意义上讲，相对于单声道录音，双声道立体声的声音再现是革命性的，后来出现的环绕声、3D 环绕声都是在双声道立体声的基础上发展起来的，后者更多的是基于双声道立体声理论在实践上的体现。

需要提及的是，人们最初将英语的"stereo"翻译为立体声，这本没有什么错，始料未及的是，比"stereo"更为"立体"的所谓"环绕立体声""3D 环绕声"接踵而至。为了防止混淆，人们便将"stereo"强调为"双声道立体声"，或者"2.0 立体声"，当然，在很多明确的场合还是直呼"立体声"。本书除在此处使用"双声道立体声"外，一律使用"立体声"这个称谓。

研究双声道立体声是研究环绕声、3D 环绕声，乃至探讨可能出现的更多声道、更多层级重放制式的理论基础，这也是本书的重点。

**四声道立体声** 也称四方声，是 20 世纪 70 年代日本开始研究的一种录音和重放技术。四声道立体声录音时用四声道录音，可用 4 个、3 个或 2 个声道记录。重放时还原成四声道，即前左、前右，后左、后右（或前、后、左、右）。四声道立体声在开始的几年曾颇为轰动，但最终并没有取得商业上的成功，最后完全消失。人们已普遍认为：四声道立体声的失败是因为它有一些无法克服的缺点。

1. 四声道立体声的听音效果只有在听音环境中央很小的区域比较好，而且对听音室要求较高，在一般家庭中难以做到。

2. 系统造价昂贵。

3. 四声道立体声有严重的声像漂移现象，这是致命的缺陷。因为立体声系统的重要属性就是应该保持稳定的重放声像。

**三维立体声** 以上各种立体声都是在平面展开的，而三维立体声的设计者试图追求声像在三维空间内展开。三维立体声的重放系统扬声器布置在左前上、左后下、右前下、右后上四个方位。但由于人耳对垂直方位的辨别能力不如水平方向，所以很多人认为三维立体声与平面立体声相比优点并不突出。今天看来，三维立体声具有 3D 环绕声的雏形。

**环绕立体声** 环绕立体声技术从 80 年代开始发展很快，并早已投入商业生产。环绕立体声开始于电影工业，现在已进入家庭。环绕立体声与双声道立体声本质的进步是在左右扬声器间增加了一个中间扬声器。那么，听音人前方的声像定位是在左－中－右之间完成的，其目的是为了加强中间声音的声像定位。左侧声音的声像定位借助左和中声道间的相关信号，右侧声音的声像定位借助中和右声道间的相关信号。环绕立体声与双声道立体声的另一个区别是在听音人的后方增加了数量不等的环绕声扬声器。后边扬声器主要是对环境声进行描述。

**3D 环绕声** 为了塑造更真实的空间信息，人们开始探索在环绕立体声所塑造的二维空间基础上，增加垂直方向的声音定位，并与水平方向的其他二维信息关联，使各声道间的声音更具有连贯性。3D 环绕声在重建原理上以心理声学、物理声场及其两者的结合为理论基础，并有多种环绕声信号算法；在重现方式上分为耳机重放、多层扬声器系统等多种重放形式。此外，3D 环绕声在"声道"的基础上，还增加了"声音对象"的概念，将重放资料（电影或其他声音作品）中包含移动方位、坐标、音量以及移动时间等的声音信息分配到重放扬声器中去，丰富了艺术创作手段。与环绕立体声相比，3D 环绕声技术的声音定位更加明确、声像运动感更加连贯，听众的临场感和沉浸感更加强烈。

上述这些重放方法，单声道一般只在语言录音场合使用，四声道立体声已经被淘汰了。双声道立体声因发展得较早，目前从技术上和理论上比较成熟，也是目前使用最多的立体声。当然，近几年环绕立体声技术发展十分迅速，但是目前还有许多技术、艺术的问题尚未解决。并且，双声道立体声理论无疑是环绕立体声，乃至 3D 的基础，对双声道立体声的研究仍然有其现实意义。

## 1.2 立体声拾音技术的分类

立体声录音方法种类繁多，录音技术和技巧更是见仁见智。为了深刻地理解立体声技术，对众多录音方法进行科学的分类很有必要。不同的双声道立体声录音技术之间本质的区别发生在对声音信号的拾取环节。在这个意义上，可以将双声道立体声拾音技术分为"立体声方法""拾音方法"和"传声器方法（拾音制式）"三种。

1. 立体声方法

它是立体声信号拾取和重放理论的建立原则。其中包括：

（1）"房间立体声"

"房间立体声"的立体声信号的拾取和重放（尤其是重放）是在房间中进行的，声像定位受房间的影响，它要求听音人借助扬声器立体声重放系统听音。

（2）"人头立体声"

在"人头立体声"中，立体声信号的重放与听音房间无关，而与人头紧密相关，声像随人头的运动而运动，重放使用耳机等听音设备。

2. 拾音方法

它指通过某种声场参数，即什么样的"差"信号获得的立体声信号。拾音方法包括三种参数获得方法：

（1）时间差拾音方法

以声道间"时间差"为主要信息获取立体声信号，"差"信号中还包括"相位差"和少量的"强度差"。

（2）强度差拾音方法

以声道间纯粹的"强度差"信息获取立体声信号。

（3）混合拾音方法

以声道间"时间差"和"强度差"为主要信息获取立体声信号，"差"信号中还包括"相位差"。

### 3. 传声器方法

传声器方法指使用什么样的传声器设置完成拾音并使立体声方法和拾音方法得以实现的方法，即人们常指的"拾音制式"。

需要说明的是，上述三种分类方法不是"并列"关系，而是"从属"关系。例如，某种传声器设置的"传声器方法"一定属于拾取哪种"差"信号的"拾音方法"，也必定属于借助扬声器或者耳机作立体声重放的"立体声方法"。图1-1"双声道立体声拾音技术的分类"直观地描述了三种分类方法的逻辑关系。

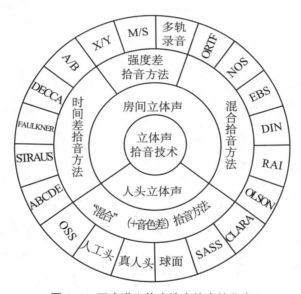

图1-1　双声道立体声拾音技术的分类

## 1.3　房间立体声

房间立体声力求拾取声音本身，它加载了房间特性的声音方位信息，并在房间内通过扬声器立体声重放系统再现录音环境里的声场随时间变化的情况。理论上，录音和声音重放使用的声道越多，放音房间中声学特性对声像定位的影响越小，理想情况下，录音和重放系统使用无穷个声道才能完全再现声场的情况，但从技术上考虑是无法实现的。从经济上考虑，相当多声道使用的经济投入不能给声音还原带来相应的改善，也是不能被接受的。所以，现在大多数的录音都压缩成为双声道的声音记录和重放。人们对仅比单声道录音再增加一个声道的投入便获得立体声音响的结果是比较满意的。

在"房间立体声"中，在扬声器立体声重放系统中的声像定位与人在自然界里对声源方位的判断情形差异很大（参照图 2-1　扬声器立体声重放示意图），但都是通过双耳间的时间差、强度差和相位差获得的。在录音中，由于利用不同的时间差、强度差和相位差，不同的拾音方法便产生了，与扬声器立体声重放系统无关，不同的"传声器方法"和所属的"拾音方法"的声音记录都使用相同的扬声器立体声重放系统。

"房间立体声"的声像定位同"人头立体声"的声像定位之间的差异是很大的（参照9.3　不同拾音制式扬声器立体声重放信号的畸变）。

关于"人头立体声"将在第八章中阐述。

## 【思考题】

1. 什么是立体声？
2. 双声道立体声是如何划分的？
3. 如何理解"房间立体声"的定义。

# 第二章　立体声重放的听音

人类对立体声的研究已有近百年的历史了。立体声音响给人们带来声音美的享受，这是单声道音响无法比拟的。立体声技术发展如此快，人们认为是它给听音人带来了临场感、真实感，其主要原因是两个扬声器辐射的声音塑造了声源方位，即立体声。

## 2.1　人耳对声源方位的判断

人的听觉不仅涉及听觉器官本身，还涉及视觉，甚至触觉等生理、物理、心理等综合因素。本书主要从听觉角度讨论。

人耳除了对声音有响度、音调、音色的主观感觉外，还有对声源的空间印象感觉，即对声源的定位能力。

人的双耳之间有一定的距离（约20cm），若一点声源偏离听音人正前方主轴方向，到达两耳的声音就会产生差别，听觉系统根据这些差别就可以判断出声源的方位，这一理论是双耳效应理论。双耳效应理论认为，人耳对声源方位的判断能力是由双耳的距离差引起的以下四个物理因素产生的：

1.声音到达双耳间的时间差；

2.声音到达双耳间的强度差；

3.声音低频分量由于时间差产生的相位差；

4.由于人头对高频分量的遮蔽作用产生的音色差。

时间差反映声音到达双耳先后造成的相对时间差异，强度差则反映声音在空气中传播由于距离造成的衰减量差异，这些都是很好理解的。相位差和时间差是密切相关的，也可以说是时间差派生出了相位差。低频声的波长很长，在常温中20Hz的波长是17m，200Hz是1.7m，因而在时间差产生的相位差在一定数量值内，可以作为判断声源方位的信息。而高频声波长短，例如10kHz是3.4cm，20kHz是1.7cm，时间差会产生很大的相位差，甚至超过360°，即开始另一个波长，所以相位差作为表达声音方位的信息已无任何价值，因为已无法分辨相位是超前还是滞后，因而被称为"混乱的相位差"信息。所以，时间差对帮助判断各个频率的声音方位都起作用，而相位差只对低频声音起作用。至于音色差，我们将在第八章中讨论。

## 2.2  扬声器立体声重放

### 2.2.1  扬声器立体声重放系统

录音的立体声重放系统目前使用最广泛的是扬声器立体声重放系统。

图2-1为目前使用最为普遍的扬声器立体声重放示意图，也称"标准的立体声重放系统"，使用两个扬声器L1、L2和听音人形成一个等边三角形，若将两个扬声器连线$b$的中点$c$和听音人做一垂线$h$，听音人与每个扬声器的夹角$\alpha=30°$。

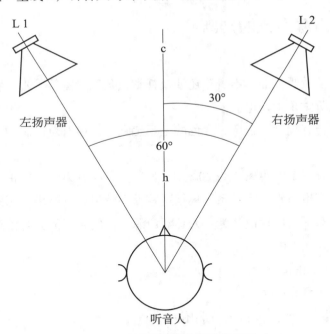

图 2-1  扬声器立体声重放示意图

图2-2介绍了三种扬声器设置的立体声重放系统。除了"标准设置"外，另外还有两种扬声器立体声重放系统：一种称"鲍尔设置"，该系统的$h=b$，听音人与每个扬声器的夹角$\alpha=26.6°$；另一种称"理基设置"，听音人与每个扬声器的夹角是$\alpha=32°$。

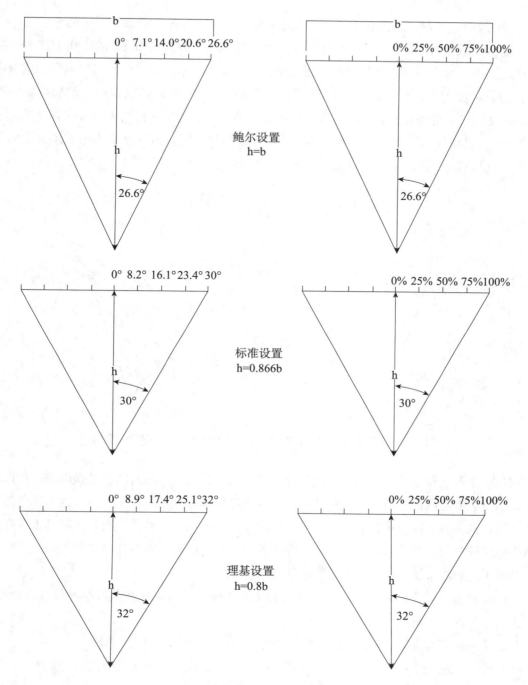

**图 2-2　三种扬声器立体声重放系统设置比较**

在扬声器立体声重放系统中，听音人听到的是与单声道重放差异较大的声音，是十分复杂的声音叠加，当然，也给立体声研究提出许多需要解决的问题。其中最主要的是听觉的声像和声像的位置问题。

如图 2-1，当两个扬声器 L1，L2 辐射声能时，听音人在一定条件下（两个扬声器的信号完全一致）感觉不到两个声源的存在，而是感觉好像在 L1 和 L2 的连线上有一个空间点在发声。这个发声点就是声像。因为这个点实际不存在，所以也称幻象声像，或虚声像。幻象声像的产生是人们成功地利用了"双耳效应"的理论。正是由于幻象声像的存在，才使听音人能够在听音活动过程中感受到声音方位的变化，使再现声音的方位信息成为可能。"双耳效应"理论是立体声理论的基础。当然，听音人在立体声重放系统中的听音与在自然状态下的听音是不同的（见图 2-3），这一点必须清楚。

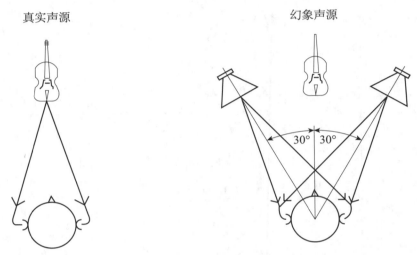

图 2-3　人在自然状态下的听音与在立体声重放系统中的听音比较

在立体声重放系统中若在一定范围内调整两扬声器间信号的时间差或强度差，声像就会从两扬声器连线的中点沿这条连线向一个扬声器偏移，并定位在某一点。这个现象是立体声重放的基础。某一声像的定位是两个扬声器发出的两个声音重叠后到达听音人双耳的结果。也就是说，听音人的每一只耳朵都包含来自两个扬声器的声音。

使用扬声器系统进行立体声重放有三个条件。

1. 来自两个扬声器的声音不应含有反相成分（反相信号将游离到两扬声器连线以外，是无法定位的"漂移"声音）。

2. 两扬声器通道间的时间/强度差信息应保持在一定的量值范围内。

3. 听音人应处于扬声器立体声重放系统的一定范围内，即处于立体声听音范围内。

### 2.2.2　扬声器立体声重放的听音范围

正确判断声像定位的前提是听音人应位于两扬声器的中轴线上。偏离中轴线会使听音人位置的时间/电平差量值改变，导致声像偏离应处的位置，向听音人运动的方向偏移。

例如，当两扬声器辐射的声能不存在时间／电平差时，声像势必定位在两扬声器连线的中点，若听音人从中轴线向左运动，离左扬声器的距离将相对缩短，使来自左扬声器的声音相对右扬声器时间缩短，声强提高，致使声像向左偏移。人们界定了可容忍的声像偏移量，在此范围内听到的声音被认为是准确的声像定位，这个范围即立体声听音范围。它是呈喇叭状放大的狭小区域。如两扬声器间距是 3m，那么声像 ±50cm 的偏移被认为是可允许的（注意：这已经是很大的值）。听音人在距扬声器连线中点垂直距离为 3m 时，在普通扬声器指向性和听音室混响时间为 0.5 秒的情况下，这个听音范围只有 21cm；5m 处是 38cm。若扬声器的声辐射角度扩大（选用全方向性扬声器），听音范围会扩大 1.5 倍，但声像定位准确性下降。

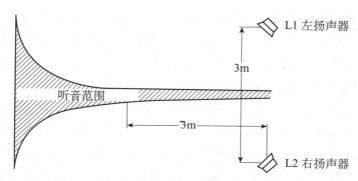

图 2-4　扬声器立体声的听音范围

显然，为了使听音人听到标准的立体声像，要求如下：

1. 听音人位于听音范围内；

2. 扬声器应正对听音人，扬声器频率特性和指向特性只允许少量的畸变；

3. 听音房间为对称的几何图形，容积在 120 ～ 150 立方米之间，听音人位于房间长度 2/3 位置；

4. 听音房间的混响时间应为 0.5 秒左右。

### 2.2.3　时间差的声像定位

我们知道，在扬声器立体声重放系统中，若两扬声器的信号一致，即不存在任何差别的情况下，声像定位在两扬声器连线的中点 $c$ 上。若两扬声器间的信号存在时间差信息，即一个扬声器相对另一个扬声器的声音滞后，声像就会从 $c$ 点沿两扬声器连线向声音未延迟的方向偏移。时间差用 $\Delta t$ 表示，$\Delta t$ 值越大，声像偏移越大。实验证明，当 $\Delta t=1.5$ms 时，声像定位在未延时的扬声器上。

著名的"哈斯效应"（Hass Effect）理论认为：当 $\Delta t$ 在 3 ～ 30ms 之间称"第一波前临界值"，声音听起来来自未延时的扬声器，另一扬声器声音的存在不明显。当 $\Delta t$ 在

30～90ms 时，便能够感知来自延时扬声器的声音，表现为听到在时间上依次出现的两个明显的声源。在扬声器立体声重放系统中，当 $\Delta t$=1.5ms 时，即可满足在扬声器一侧的声像定位，即声像停留在扬声器的位置上。根据"哈斯效应"理论，$\Delta t$ 值在 1.5ms 以上继续增加，声像也只停留在声音未延时的那一个扬声器上。所以说，就声像在扬声器连线上定位而言，大于 1.5ms 的 $\Delta t$ 值无意义。

### 2.2.4 强度差的声像定位

理解了时间差的声像定位，就会很好理解强度差声像定位。当两扬声器间的声音信号不存在时间差，只存在强度差时，声像也会产生偏移，强度差用 $\Delta L$ 表示。当 $\Delta L$=0 时，声像定位在两扬声器连线的中点 $c$ 上。随着 $\Delta L$ 的增加，声像向声强高的扬声器偏移。当 $\Delta L$ 在 15～25dB 之间，声像就定位在声强高的那一个扬声器上。在实践中，一般采用 $\Delta L$=18dB 作为满足声像定位在扬声器一侧的强度差值。

$\Delta L$ 中的 L 是英语 Level 的缩写，强度差也可以用 $\Delta P$ 表示，$P$ 是德语 Pegel 的缩写。因强度差所定义的两个信号之间的差别在录音工程中有两个含义：一个指声场中两个声信号强度的差，也称声级差；另一个指电路中电信号强度的差，也称电平差。它们都用 dB 表示，对这两种强度差信号之间异同的区分是必要的。声级差总是与声音的频率相关，具体情况比较复杂。而在立体声重放中电平差同频率的关系不大，也就是说声音频率在扬声器立体声重放系统中对声像定位的影响不大。

### 2.2.5 时间差、强度差对声像定位的共同作用

在立体声拾音中，由于传声器的设置不同，便形成了不同的拾音方法。有些拾音方法拾取声道间时间差，有些拾取声道间的强度差。还有一些拾音方法既拾取声道间的时间差，也拾取强度差，用这种拾音方法拾取的声音信号在立体声重放中时间差和强度差共同完成声像定位。就声像定位而言，时间差和强度差具有同样的意义。声像的偏移量是二者的叠加。

## 2.3 耳机立体声重放

使用扬声器做立体声重放在录音和听音活动中处于主导地位，但在有些场合使用耳机做立体声还是具有一定的优点。尤其是从 70 年代开始开发的人头立体声拾音技术，要求必须使用耳机做立体声重放。

用耳机做立体声重放的优点：

1. 耳机价格相对扬声器便宜很多，用很小的开支，就可得到同扬声器相同，甚至更好的带宽和更高的声压。

2. 使用耳机听音突出的优点是听音房间的声学特性对听音没有影响。这一点对有些听音房间存在声学缺陷和当听者对听音房间不熟悉、不适应时尤为重要。

3. 耳机具有对噪声和杂音比扬声器更高的分辨率，在同样的电平情况下，耳机可比扬声器提高 10dB 的杂音电平。比如数字录音中的纠错杂音，用耳机就很容易听出来。这一点对录音师来讲无疑是有益的。

4. 另外，使用耳机重放不受听音人听音位置的限制（参考 2.2.2 扬声器立体声重放的听音范围），无论同时有多少人需要使用耳机听音，所有听音人都可听到完全一样的音响。所以，许多听音试验都是用耳机监听。

使用耳机听音的缺点是随着人头的摆动，听音人感觉的声像也在摆动，人们往往不习惯这种在自然听音情况下不可能出现的结果，使听音人感到声音不自然。

使用耳机听音与使用扬声器听音最大的区别，也是使用耳机听音最大的特点，是"头中定位"现象。

人在自然界里听音时，声像定位是在听音人人头外完成的，扬声器立体声重放的听音也是这种情况。在某些条件下，声像也可在人头中定位。这个条件的前提就是用耳机做立体声重放，这时，声像的定位在听音人头中双耳的连线上完成。这种声像定位叫"头中定位"，也叫"侧"定位（Lateralization）。头中定位在直线上的声像位置是前后"漂移"的，不确定的。

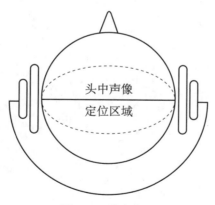

图 2-5 头中定位

因为在用耳机聆听供扬声器重放的立体声节目源时会出现声像混乱现象，所以在房间立体声录音时用耳机监听声像情况是绝对禁止的（监听其他情况，如清晰度、噪声情况是可以的，有时也是必要的）。

　　一般来讲，使用便携设备聆听立体声节目源多是使用耳机重放，这些节目也应该是用"人头立体声"方法（详见第八章）录音的，许多国外出版发行的这些音像制品的封面上都有"人头"标记。西方一些国家还有"人头立体声"广播，也必须用耳机听。

## 【思考题】

　　1. 人对声源方位的判断依靠哪些物理因素？

　　2. 标准的扬声器立体声重放系统是如何设置的？请试着画图说明。

　　3. 什么是扬声器立体声重放的"听音范围"？

　　4. 简述耳机的"头中定位"。

　　5. 简述"真实声源"与"虚声源"的异同。

# 第三章　传声器

传声器（microphone），俗称话筒，或者按照音译为麦克风。传声器是将声音信号转换为电信号的声电换能器件，转换的过程是：以声波形式表现的声信号被传声器接收后，使换能机构产生机械震动，并由换能机构将机械震动转换成为电信号输出。输出的电信号波形（包含频率、相对振幅和泛音等）应与声信号相似。

传声器、扬声器和耳机等被统称为电声换能器件（前者为声－电换能器件，后者为电－声换能器件）。在整个录音系统中，从音质角度讲电声换能器件是重要的环节。尤其是传声器，它是整个录音系统的第一个环节，因此，传声器质量的优劣、使用方法是否得当，直接影响到录音节目的声音质量。若在这一环节出现问题，往往在以后的环节中很难、甚至无法弥补。可见，传声器在录音系统中的作用非常重要。

近些年来传声器的设计和生产质量有了很大的进步，品种也越来越多。一些名牌厂家，如德国的 Neumann、Schoeps、Sennheiser、奥地利的 AKG、丹麦的 DPA、美国的 EV、北京七九七音响股份有限公司等传声器制造商都生产指标很高的传声器。随着立体声技术的发展，给传声器的研究和生产提出了许多新的课题，也陆续有与之相适应的新型传声器问世。本书的有关章节将介绍一些新近推出的传声器。

但是，只有高质量的传声器是远远不够的，如何正确地使用传声器更重要。正确使用传声器应包括：制定可行的拾音方案；正确选择传声器的类型和型号；合理的传声器布局；处理好传声器与声源、传声器之间和传声器与调音台之间的关系等。有人说传声器是录音师的画笔，可见传声器使用的重要性。为了录制出高质量的录音作品，从传声器使用者的角度，深刻理解传声器也是十分必要的。

## 3.1　传声器的分类

传声器有多种分类方法。

1. 按照传声器构造分类

| | |
|---|---|
| 动圈传声器 | 在一永磁铁形成的磁场中有与振膜连接的线圈，线圈随声波振动切割磁力线，输出电压。 |
| 铝带式传声器 | 利用磁场中一薄铝金属片切割磁力线。 |
| 压力区式传声器 | 也称为界面传声器。 |
| 电磁式传声器 | 也称舌簧传声器，利用磁路中可动的磁体运动引起的磁阻变化而工作。 |
| 电容传声器 | 振膜和后极板组成电容器，声波改变电容量，并转换成相应的音频输出。但音频信号很弱，一般在传声器中有一前级放大器。电容传声器需要电容极化电源，由专用电源箱、电池或从调音台供给。 |
| 驻极体传声器 | 电容是被预极化的，无需外加电源。 |
| 晶体传声器 | 也称压电传声器，利用压电材料的压电效应工作。因压电材料也是一种陶瓷材料，所以也称陶瓷传声器。 |
| 碳粒传声器 | 用声压变化改变碳材料的电阻，从而改变输出电流的传声器。 |
| 激光传声器 | 用光纤材料制成的一种声光换能器，也称光纤传声器。 |
| 离子传声器 | 利用等离子体和周围空气之间相互作用而工作的传声器。 |

2. 按照传声器方向特性分类

| | |
|---|---|
| 全方向特性传声器 | 也称全方向、无方向特性传声器。 |
| 8 字形指向特性传声器 | |
| 心形指向特性传声器 | |
| 锐心形指向特性传声器 | |
| 超心形指向特性传声器 | |
| 扁圆形指向特性传声器 | 也称"宽心形"或"阔心形"。 |

3. 按照使用功能分类

| | |
|---|---|
| 接触式传声器 | 直接粘贴在乐器的共振体上使用。 |
| 颈挂式传声器 | 挂在脖子上使用。 |
| 领夹式传声器 | 有小夹子，近距离拾音用。 |
| 齿式传声器 | 镶嵌在牙齿上使用。 |
| 喉式传声器 | 粘贴在喉头附近使用。 |
| 耳朵传声器等 | 塞在耳道内使用。 |

4. 按照输出信号数量分类

单声道传声器　　　　即普通的传声器。

立体声传声器　　　　2～3个单声道传声器组合在一起，以适应不同立体声拾音
　　　　　　　　　　方式。

5. 按照声驱动力形成的方式分类

压强式传声器

压差式传声器

"复合"式传声器

6. 按照传声器振膜大小分类

大振膜传声器

小振膜传声器

7. 按照使用范围分类

录音传声器

声学测量传声器等

介绍传声器分类方法的目的是为了对传声器有一个全面的、比较深刻的认识。研究各种立体声拾音方法的切入点是传声器的方向特性（第2种分类方法），而决定传声器方向特性的是传声器声驱动力形成的方式（第5种分类方法）。鉴于大部分分类方法都是很好理解的，下面重点介绍第5种分类方法，从这个角度理解传声器对进一步理解拾音技术是很有帮助的。

## 3.2　压强式传声器

大多数传声器都是依靠声波引起的空气压力变化而工作的。

图3-1为压强式传声器结构和指向特性坐标图。压强式传声器只有振膜的前面暴露在声场中，振膜后面是密封的，声波无法入射。连接孔是使外壳内部和外部的大气压强保持平衡，而对于声音快速运动的气压变化，连接孔则呈现相当高的声阻，也就是声波无法进入。这样，声波只作用到振膜的外表面（外表面如一个压力计，对作用其上的所有声波都起作用）。无论声波来自什么方向，都会使振膜附近的空气振动，振膜得到与声压成正比的作用力。压强式传声器对声波的接收与声源的入射角度无关，具有全方向（或称全方向、无方向）指向特性。传声器输出灵敏度随声源入射角度而变化的关系可用图形描述，

称为极坐标图（图 3-1 的右侧图）。压强式传声器的极坐标图接近圆形，所以，压强式传声器的指向性图形用 〇 表示。

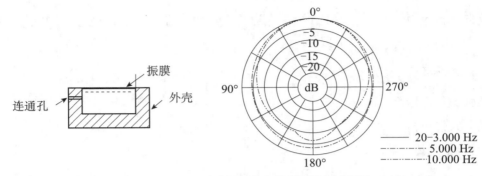

图 3-1　压强式传声器结构和指向特性极坐标图

## 3.3　压差式传声器

　　压差式传声器也称压力梯度式传声器。如图 3-2 左侧图所示，压差式传声器振膜后面不封闭，振膜前后的两个表面都接受声波。由于声波到达两表面的路程不同（声波从 90°和 270° 入射时除外），所以时间也不同，因而相位也不同。就是这些不同，在振膜上产生瞬间的声压差，故称压差式传声器。很显然，从振膜前面（0°）和后面（180°）入射的声波产生最大的声压差，此时传声器具有最大的灵敏度。当声波从振膜侧面（90°、270°）入射时，声波到达振膜前后的距离相等，没有声程差，也就没有声压差，传声器也就没有输出，即此时灵敏度为 0。压差式传声器依声源入射角度变化的规律用下述公式表示：

$$S = S_0 \cdot cos\theta \hspace{4cm} \text{公式 3-1}$$

　　式中：S　　表示随声波入射角度而改变的传声器灵敏度

　　　　　$S_0$　　表示声波 0° 入射时的灵敏度（θ=0，一般取常数 1）

　　　　　θ　　表示声波入射角度

　　若用上述公式计算声波从 0° 到 360° 的传声器输出灵敏度，用极坐标表示就会得到一个类似 8 字形（图 3-2 右图）的图形。这是因为从传声器振膜正后方（图 3-2 中 180° 方向）传来的声波与正前方（图 3-2 中 0° 方向）传来的声波相位相差 180°；来自振膜侧方（图 3-2 中 90° 方向和 270° 方向）的声波到达振膜前方和后方产生的声压幅度相等但方向相反，在振膜处相互抵消而无输出信号，因此压差式传声器指向性图形呈 8 字形。压差式传声器也称 8 字形传声器，因其输出特性是按照余弦曲线变化的，故也称 8 字形传声器为余弦传声器。

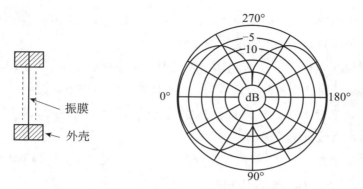

图 3-2　压差式传声器结构和指向特性极坐标图

## 3.4　压强式传声器与压差式传声器的组合

　　为了抑制来自侧面和背面声音的影响，拾音时我们往往只需要传声器拾取来自于正面的声音，因而就产生了单指向特性传声器。它的基本构成原理是：将一个全方向特性和一个 8 字形指向特性传声器靠近放置，并将两者的输出电压串联，来形成一个心形指向特性的传声器。目前生产的大部分单指向特性传声器的指向特性是通过"电"的方法来得到的。

　　图 3-3 为压强式传声器与压差式传声器的组合结构，以这种结构得到单指向特性传声器。这种结构也称为"复合结构"，这种传声器的声驱动力方式为"复合式"。其原理是利用一个压差式传声器，使馈送到振膜背面的声波经过一个声延迟元件，便得到心形指向图形。它的工作原理如下：

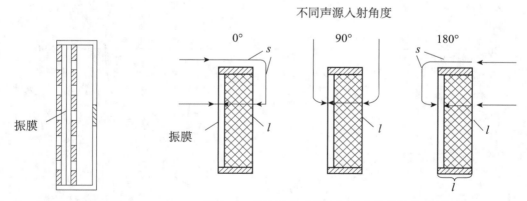

图 3-3　压强式传声器与
压差式传声器的组合结构

图 3-4　压强式传声器与压差式传声器的组合结构

　　将 8 字形传声器装入一个延迟元件，延迟元件的长度为 $l$，使声波到达振膜前后出现声程差，亦产生时间差，也产生了声压差，声压差的强度取决于声程差的大小。声波在不同入射角度时，传声器电压输出情况如图 3-4。

当声波入射角度为 0° 时，声波到达振膜后面比到达前面多了二倍的 $l$，产生的压差驱动振膜振动，由于此时产生的时间差最大，传声器输出的电压也最大。

当声波入射角度为 180° 时，声波到达振膜前后不存在声程差，到达的时间一致，振膜便不振动，传声器没有电压输出。

当声波入射角度为 90° 时，声波的路程差为 $l$，振膜振动，但传声器电压输出小于 0°方向，大于 180° 方向，为二者的中间值。

若将这一情形用图形表示便会更加清楚（如图 3-5）。

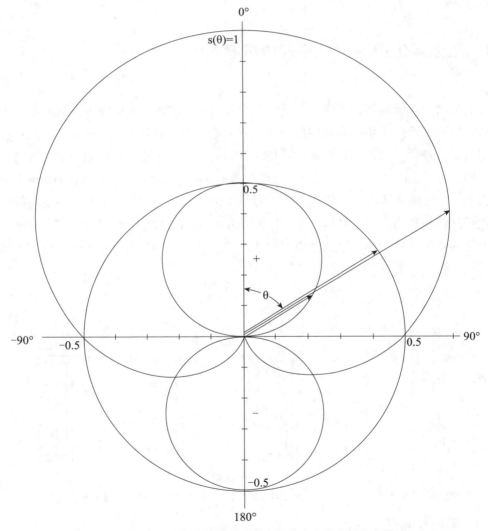

图 3-5　压强式传声器与压差式传声器组合产生心形指向图形

实际上，压差传声器加上声学延迟元件后，相当于一个压差元件（8字形指向性）和一个压强元件（全方向性）特性相加。这两个元件在90°轴线以上是同向的，因而输出相加；而在90°轴线以下是反向的，因而输出相互抵消。

当声音从传声器0°入射时，两单元正向叠加，得到二倍的灵敏度。

当声音从传声器180°入射时，两单元反向叠加，互相抵消，灵敏度为0。

当声音从传声器90°或270°入射时，压差单元灵敏度为0，压强单元保持原来的灵敏度，两者叠加是声波0°入射灵敏度的一半。

若将这两个单元的指向性图形逐角度叠加，即得到一个完整的类似心形的图形，我们称这一图形为心形指向性图形。心形指向性图形表明传声器对来自不同方向的声音具有不同灵敏度的特性，这个图形即心形指向性传声器的极坐标图。

## 3.5 传声器多种指向图形的形成和传声器指向性系数

从3.4节得知，心形指向性是全方向图形和8字形指向图形合成的结果，那么，只要改变传声器全方向指向特性与8字形指向特性的比例成分，即可演变出多种指向图形。利用这个原理，我们可以设计和生产出各种指向特性的传声器。由于电容传声器可以借助电路手段很容易地改变全方向与8字形叠加的比例，因而可以设计和生产出在全方向－心形－8字形之间连续进行调整的、具有多种指向特性的电容传声器。

下面分析五种典型指向图形（全方向、扁圆形、心形、锐心形、8字形）形成的原理：

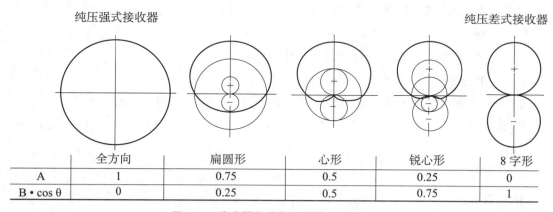

| | 全方向 | 扁圆形 | 心形 | 锐心形 | 8字形 |
|---|---|---|---|---|---|
| A | 1 | 0.75 | 0.5 | 0.25 | 0 |
| $B \cdot \cos\theta$ | 0 | 0.25 | 0.5 | 0.75 | 1 |

图 3-6　传声器多种指向特性图形的形成

图3-6中，第一个指向性图形最大，是一个"纯粹"的圆形，不含有8字形成分，表示该指向性图形是全方向指向特性。后面的指向性图形圆形越来越小，也就是说，全方向指向特性的成分越来越小，直到变成"纯粹"的8字形，完全不含有全方向指向特性成

分。图 3-6 中字母 A 表示该指向性图形所包含圆形部分的含量。

图 3-6 中，第一个圆形指向性不含有 8 字形指向特性成分。从扁圆形开始出现一个小 8 字形，后面的指向性图形 8 字形越来越大，最后得到一个纯 8 字形指向性特性。字母 B 表示该指向性图形所包含 8 字形部分的含量。

传声器的指向性图形的含量 A+B 的绝对值永远等于 1。由此可知：

$$|A|+|B|=1$$

这表明圆形和 8 字形指向性合成后，任何指向特性的传声器在声波 0° 入射的声电转换能力永远为最大。当声波入射角度相对 0° 变化时，声电转换能力相对 0° 下降（理论上，全方向特性传声器除外），即小于 1，其最小值为理论上的 0。这种传声器在声源某入射角度的声电转换能力与该传声器在 0° 方向声电转换能力之比称为"传声器指向性系数"。

注意：传声器指向性系数与传声器的灵敏度是两个相关但又有区别的传声器特性指标。传声器的灵敏度是指"传声器开路输出电压与输入声压之比……以 dB 来表示"[1]。可见，传声器的灵敏度是表明某传声器与另一传声器不同的声电转换能力的特性，是一绝对概念。而传声器指向性系数是该传声器自身特性，是一相对概念。比如，两个心形指向特性传声器的灵敏度可能有很大差异，但是，这两个传声器在任何声源入射角度的传声器指向性系数是一致的。传声器指向性系数是传声器的重要特性之一，也是本书讨论各种拾音制式的切入点。

传声器指向性系数的数学计算数学公式是：

$$S（\theta）=A+B \cdot \cos\theta \hspace{3cm} \text{公式 3-2}$$

式中：S= 随声波入射角度而改变的传声器指向性系数

$\theta$= 相对 0 度的声波入射角度

A= 指向性图形圆形部分含量（压强分量）

B= 指向性图形 8 字形部分含量（压差分量）

若将传声器所含有 A 和 B 的部分含量带入公式 3-2 即可得到：

圆形　　　　　　$S（\theta）=1+0 \cdot \cos\theta=1$　　　　　　公式 3-3

扁圆形　　　　　$S（\theta）=0.75+0.25 \cdot \cos\theta$　　　　　公式 3-4

心形　　　　　　$S（\theta）=0.5+0.5 \cdot \cos\theta$　　　　　　公式 3-5

超心形　　　　　$S（\theta）=0.366+0.634 \cdot \cos\theta$　　　公式 3-6

锐心形　　　　　$S（\theta）=0.25+0.75 \cdot \cos\theta$　　　　公式 3-7

8 字形　　　　　$S（\theta）=0+1 \cdot \cos\theta=\cos\theta$　　　公式 3-8

以上公式十分重要，它描述了各种指向特性传声器随声波入射角度变化传声器指向性

① 张绍高. 广播中心技术系统［M］. 北京：国防工业出版社，1994.

系数变化的情况，这些改变是研究许多拾音制式拾音原理的一把钥匙。

　　为了深入理解传声器随声波入射角度变化的情况，往往还需要掌握随声源入射角度变化传声器输出电平的变化情况。因为在声源 0 度方向上的传声器指向性系数为 1，该角度传声器的输出电平为 0dB，随声源入射角度的变化，传声器指向性系数小于 1（理论上，全方向特性传声器除外），传声器的输出电平为负值，表明输出衰减。知道了传声器指向性系数，我们可下述公式计算电平衰减值：

$$20\lg |S(\theta)| \, dB \qquad\qquad 公式3-9$$

即
$$20\lg |A+B \cdot \cos\theta| \, dB \qquad\qquad 公式3-10$$

　　仔细分析图 3-7 和 3-8，对正确地使用传声器是有益处的（除了扁圆形，其他都是常用的传声器图形）。需要说明的是，这些指向性图形都是理想的图形，也是我们研究传声器的依据。但是在实际设计和生产中由于种种原因与理想图形总是有一些误差，尤其传声器输出为 0 的那一点仅具有理论意义，在实际中是无法实现的。图 3-7 中除了全指向和扁圆形，其他图形都标出了虚线所指角度，表示在该角度传声器的灵敏度（在理论上）为 0，可以理解成在该点传声器没有输出。这一点对我们正确使用传声器是很重要的。

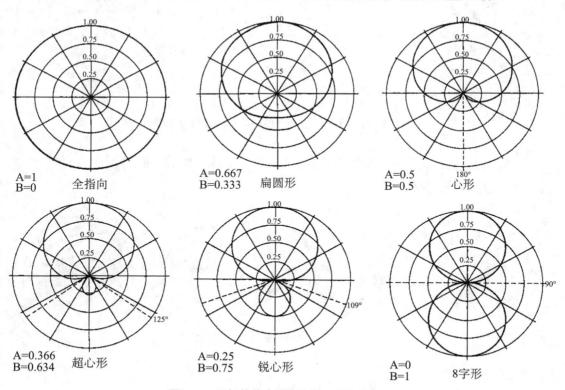

图 3-7　理想的传声器指向性系数极坐标图

　　比较心形、锐心形和超心形可以看出，如果要抑制背面的声音，心形的效果较好。但心形传声器对侧面（90°、270°）仍有正向（0°）一半的灵敏度，所以不能很好地抑制侧

面的声音。而锐心形和超心形对侧面声波的抑制能力要强得多 。锐心形对侧面声音抑制
得最多,它可将正前方讲话或演唱演奏的声音从较强的室内混响声中或环境噪声中分离出
来。但它对 180° 入射的声音灵敏度较高,也可以说锐心形指向性是不对称的 8 字形。

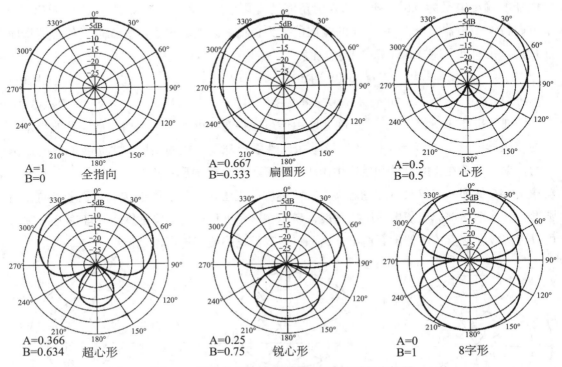

图 3-8　理想的传声器指向特性电平衰减极坐标图

需要说明的是,我们在绘制传声器指向图形时一般用二维的平面图,而实际的传声器
指向性是三维的、立体的。

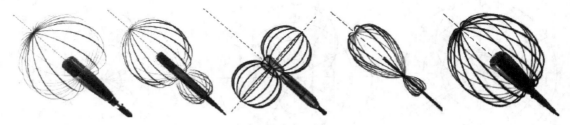

图 3-9　不同指向性传声器的三维立体示意图

## 【思考题】

1. 简述传声器的分类方法,各个分类方法中包括哪些主要的传声器?

2. 什么是"压强式传声器"? 什么是"压差式传声器"? 简述二者组合产生的各种指向图形原理。

3. 如何理解"传声器指向性系数"和"传声器灵敏度"之间的关系?

4. 计算心形、锐心形和 8 字形指向特性在 30°、45°、60°、90° 和 180° 的指向性系数和电平跌落 dB 值。

# 第四章　时间差拾音方法

　　时间差拾音方法是最早使用的立体声拾音方法。由于使用时间差拾音方法录制的音乐具有"温暖"感、自然感、纵深感等优点，尤其是录制古典音乐更显出它的这一优越性。所以，时间差拾音方法是录制古典音乐的主要拾音方法之一，特别是在欧洲，它一直受到专业录音师的青睐。

## 4.1　AB 拾音制式

　　拾音制式是时间差拾音方法中的"经典"，被使用的频率很高。本章将重点介绍 AB 拾音制式。

### 4.1.1　AB 拾音制式拾音原理

　　AB 拾音制式是将型号和特性完全一致的两个传声器彼此拉开一定间距构成的立体声传声器系统。拾音时，将传声器系统置于声源前方，并将左边传声器拾取的信号馈送到记录载体的左通道，而将右边传声器拾取的信号馈送到记录载体的右通道。

　　AB 拾音制式的拾音原理是：录音时，若某一声源在该传声器系统的中轴线（即 $\theta_s=0°$）发声，该声源的声音到达两个传声器的时间和声音强度显然是一样的，也就是说，左右声道的信号间不存在 $\Delta t$ 和 $\Delta L$。若某一点声源在偏离中轴线 0° 的某一角度发声（如图 4-1），该点声源便经 $l_1$ 和 $l_2$ 分别向两个传声器辐射声能。由于 $l_1$ 和 $l_2$ 存在着距离差 $\Delta l$，声音是以一定的速度传播的，距离差必然会产生时间差；且根据声音随着传播距离的增加，声音的强度逐渐减弱这一物理特性，两个传声器分别拾取的声信号也存在强度差 $\Delta L$。在对该信号做立体声重放时，由于左（L）和右（R）两扬声器发出的声信号中带有 $\Delta t$ 和 $\Delta L$ 的信息，该信号的声像偏离两扬声器连线的中点，实现了声像定位。在扬声器

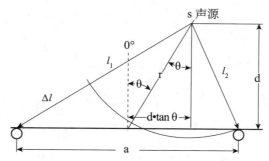

**图 4-1　AB 拾音制式点声源拾音示意图**

图 4-1 中：

$l_1$：声源到一个立体声传声器的距离；

$l_2$：声源到另一个立体声传声器的距离；

$\Delta l$：声源到两个传声器的距离差；

s：声源；

$\theta$：声源入射角度；

a：立体声传声器间距

为了计算方便，根据三角函数原理作图，得：

d：声源距两传声器连线的距离，$d = r \cdot \cos\theta$；

r：声源距两传声器连线中点的距离。

立体声重放中，声像偏移角度的大小取决于 $\Delta t$ 和 $\Delta L$ 值的大小。根据图 4-1 得公式：

$$l_1 = \sqrt{d^2 + \left(\frac{a}{2} + d \cdot \tan\theta\right)^2} \qquad\qquad \text{公式 4-1}$$

$$l_2 = \sqrt{d^2 + \left(\frac{a}{2} - d \cdot \tan\theta\right)^2} \qquad\qquad \text{公式 4-2}$$

$$d = r \cdot \cos\theta$$

$$\Delta t = \frac{\Delta l}{c} = \frac{l_1 - l_2}{c} \qquad\qquad \text{公式 4-3}$$

式中 c=343m/s

$$\Delta L = 20\lg\frac{l_1}{l_2} \qquad\qquad \text{公式 4-4}$$

经对 AB 拾音制式录音节目的主观评价试验证明：$\Delta t$ 的声像定位作用大于 $\Delta L$。通过公式 4-3 和公式 4-4 计算可得知：在 AB 拾音制式中，$\Delta t$ 的声像定位值也远远大于 $\Delta L$，所以说，AB 制式是以时间差 $\Delta t$ 为主要物理量完成声像定位的立体拾音方式。故 AB 拾音制式也叫时间差拾音制式。

根据三角函数定理，图 4-2 中：

$$\Delta l = a \cdot \sin \theta \qquad\qquad 公式\ 4\text{-}5$$

$$\Delta t = \frac{\Delta l}{c} = \frac{a}{c} \cdot \sin \theta \qquad\qquad 公式\ 4\text{-}6$$

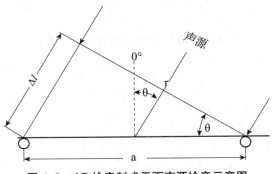

图 4-2　AB 拾音制式平面声源拾音示意图

声学理论认为，若将一点声源定义为无限远，就可将该点声源理解为平面声源。图 4-2 是使用与图 4-1 相同的立体声传声器系统拾取平面声源的示意图。图 4-1 中计算 △t 的公式 4-3 在图 4-2 中演变为公式 4-6。实践证明，当声源距立体声传声器的距离超过两倍的两传声器间距（实际录音中，绝大部分是这种情况）时，就可理解为该点声源距该传声器系统为无限远。公式 4-6 和公式 4-3 计算得出的 △t 十分接近，但是在使用中公式 4-6 的计算却比公式 4-3 简单得多。在实际工作中，我们一般使用公式 4-6 计算 △t。

## 4.1.2　AB 拾音制式扬声器立体声重放的声像定位原理

图 4-3 是标准的扬声器立体声重放设置示意图，两扬声器与听音人形成等边三角形。使用 AB 拾音制式录制的节目源做立体声重放时，若左右声道间信号的 △t=0，声像定位在两扬声器连线的中点 C 上。随着 △t 的增加，声像就会从 C 点向左 (L) 或向右 (R) 偏移，若某一个声道的声音提前，声像就向该方向偏移。实验证明，当 △t ≥ 1.5ms( 毫秒 ) 时，声像就会定位在声音提前的那个扬声器的位置上。△t 从 0 ～ 1.5ms 之间的声音信号在 C 和左 ( 或右 ) 之间定位。

为了表述方便，可以将声像定位点用百分数表示，声像定位在 C 点上为 0%；声像定位在左（或右）扬声器上为 100%（如图 4-3），从中间→左（或右）百分数等分。时间差 △t 随百分数增长。

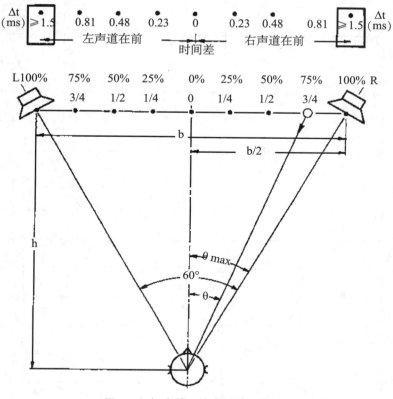

图 4-3　扬声器立体声重放示意图

图 4-3 中：

b：两扬声器间距；

h：听音人与两扬声器连线中点的距离；

θ：声像定位点与听音人的夹角。

　　图 4-4 中一共描述了三条使用不同声音信号进行主观评价获得的 Δt 值与声像定位百分数关系曲线，其中实线表示的数据被大部分业内人士接受。表 4-1 是 Δt 值与主要声像定位点对应数据。图 4-4 中图像在坐标轴内关于原点对称，其间分布的其余各点可用数值分析方法进行概率估算。表 4-2 是 Δt 值与声像定位百分数的对应值，利用表 4-2 就可以根据计算得到的 Δt 值查到相应的声像定位百分数，即可判断出带有时间差信息的某点声源在立体声重放系统中声像定位的准确位置。

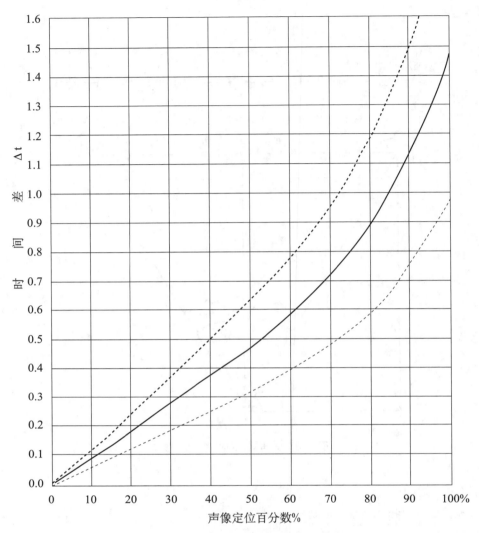

图 4-4　Δt 值与声像定位百分数关系曲线

表 4-1　Δt 值与主要声像定位点对应数据

| 主要声像定位点 | C | 1/4 | 1/2 | 3/4 | L 或 R |
|---|---|---|---|---|---|
| 声像定位百分数 % | 0 | 25 | 50 | 75 | 100 |
| 时间差 Δt（ms） | 0 | 0.23 | 0.48 | 0.81 | 1.5 |

表 4-2　Δt 值与声像定位百分数对应值

| % | Δt（ms） | % | Δt（ms） | % | Δt（ms） | % | Δt（ms） | % | Δt（ms） |
|---|---|---|---|---|---|---|---|---|---|
| 1 | 0.009 | 21 | 0.190 | 41 | 0.381 | 61 | 0.613 | 81 | 0.904 |
| 2 | 0.018 | 22 | 0.199 | 42 | 0.392 | 62 | 0.626 | 82 | 0.923 |

续表

| % | Δt（ms） | % | Δt（ms） | % | Δt（ms） | % | Δt（ms） | % | Δt（ms） |
|---|---|---|---|---|---|---|---|---|---|
| 3 | 0.027 | 23 | 0.209 | 43 | 0.403 | 63 | 0.639 | 83 | 0.942 |
| 4 | 0.036 | 24 | 0.218 | 44 | 0.414 | 64 | 0.652 | 84 | 0.961 |
| 5 | 0.045 | 25 | 0.228 | 45 | 0.425 | 65 | 0.665 | 85 | 0.980 |
| 6 | 0.054 | 26 | 0.237 | 46 | 0.436 | 66 | 0.679 | 86 | 1.004 |
| 7 | 0.063 | 27 | 0.247 | 47 | 0.447 | 67 | 0.693 | 87 | 1.028 |
| 8 | 0.072 | 28 | 0.256 | 48 | 0.458 | 68 | 0.707 | 88 | 1.052 |
| 9 | 0.081 | 29 | 0.266 | 49 | 0.469 | 69 | 0.721 | 89 | 1.076 |
| 10 | 0.090 | 30 | 0.275 | 50 | 0.480 | 70 | 0.735 | 90 | 1.100 |
| 11 | 0.099 | 31 | 0.285 | 51 | 0.492 | 71 | 0.750 | 91 | 1.132 |
| 12 | 0.108 | 32 | 0.294 | 52 | 0.504 | 72 | 0.765 | 92 | 1.164 |
| 13 | 0.117 | 33 | 0.304 | 53 | 0.516 | 73 | 0.780 | 93 | 1.196 |
| 14 | 0.126 | 34 | 0.313 | 54 | 0.528 | 74 | 0.795 | 94 | 1.228 |
| 15 | 0.135 | 35 | 0.323 | 55 | 0.540 | 75 | 0.810 | 95 | 1.260 |
| 16 | 0.144 | 36 | 0.332 | 56 | 0.552 | 76 | 0.825 | 96 | 1.308 |
| 17 | 0.153 | 37 | 0.342 | 57 | 0.564 | 77 | 0.840 | 97 | 1.356 |
| 18 | 0.162 | 38 | 0.351 | 58 | 0.576 | 78 | 0.855 | 98 | 1.404 |
| 19 | 0.171 | 39 | 0.361 | 59 | 0.588 | 79 | 0.870 | 99 | 1.452 |
| 20 | 0.180 | 40 | 0.370 | 60 | 0.600 | 80 | 0.885 | 100 | 1.500 |

## 4.1.3　AB 拾音制式中 Δt 对声像定位的影响

图 4-5 描述了当立体声传声器间距为 30cm 时，随声源入射角度 $\theta_s$ 的增加，时间差 Δt 和在立体声重放时该声源角度对应的声像定位百分数也增加。表 4-3 列出了相关数据。从图 4-5 中可以看出，若在录音时乐队处在 $\theta_s= \pm 50°$ 的范围内，做立体声重放时，声像定位在 0 ~ ±66% 的范围内变化：听起来音乐向两扬声器中点 C 集中，这无疑是不理想的声像定位。在立体声录音中，要求录制的节目源要在重放时尽量得到从 0 ~ 100% 的声像定位，这是立体声录音的根本意义所在。图 4-5 中不完全声像定位的原因是什么呢？

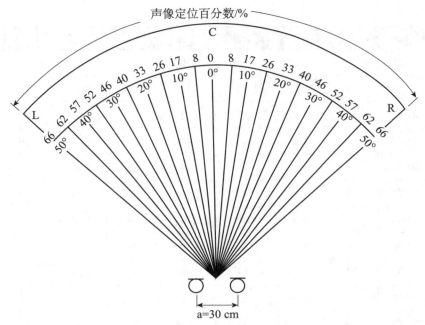

图 4-5　当 a=30cm 时，$\theta_s$ 增加引起的 $\Delta t$ 与声像定位增加

表 4-3　a=30cm 时，随 $\theta_s$ 增加，相应 $\Delta t$ 和声像定位百分数增加数据

| $\theta_s$（°） | 0 | 5 | 10 | 15 | 20 | 25 | 30 | 35 | 40 | 45 | 50 |
|---|---|---|---|---|---|---|---|---|---|---|---|
| $\Delta t$（ms） | 0 | 0.076 | 0.152 | 0.226 | 0.299 | 0.370 | 0.437 | 0.502 | 0.562 | 0.618 | 0.670 |
| 声像定位百分数（%） | 0 | 8 | 17 | 26 | 33 | 40 | 46 | 52 | 57 | 62 | 66 |

从公式 4-6 分析得知，当声速 c 为一定值时，在声源入射角 $\theta_s$ 的某一点上，决定 $\Delta t$ 的是立体声传声器间距 a。图 4-6 中，当 a=20cm 时，声源入射角 $\theta_s\pm90°$ 时的 $\Delta t$ 是 0.58ms，这是在这个传声器间距情况下得到的 $\Delta t$ 最大值，其声像定位百分数是 $\pm59\%$。随着 a 的增加，则 $\Delta t$ 也增加，相对应的声像定位百分数也增加。当 a=51.5cm 时，声源入射角 $\theta_s\pm90°$ 时的 $\Delta t$ 恰好为 1.5ms，声像定位百分数是 100%，此时得到全部的声像定位。从这个意义上讲，51.5cm 似乎是最理想的 AB 拾音制式的立体声传声器间距，其实并非这么简单。在继续讨论之后，我们再下结论。

若继续增大立体声传声器的间距，显然满足 $\Delta t$=1.5ms 处的声源入射角就会减小。此时 1.5ms 为定值代入公式 4-6 可得：

$$\theta = \arcsin\frac{\Delta t \cdot c}{a} \qquad\qquad 公式\ 4\text{-}7$$

式中 a $\geqslant$ 51.45cm

用公式4-7可计算出 a 为某值，且满足 $\Delta t = 1.5ms$ 时声源的最大入射角度 $\theta_{max}$（如图4-6所示）。当然，处于大于声源最大入射角 $\pm\theta_{max}$ 以外范围的声源也会被立体声传声器拾取，但因这些声源的 $\Delta t$ 都大于 1.5ms，声像定位百分数仍然是 100%，在扬声器立体声重放时这部分声音将全部停留在左（或右）扬声器上，不可能引起声像展开。

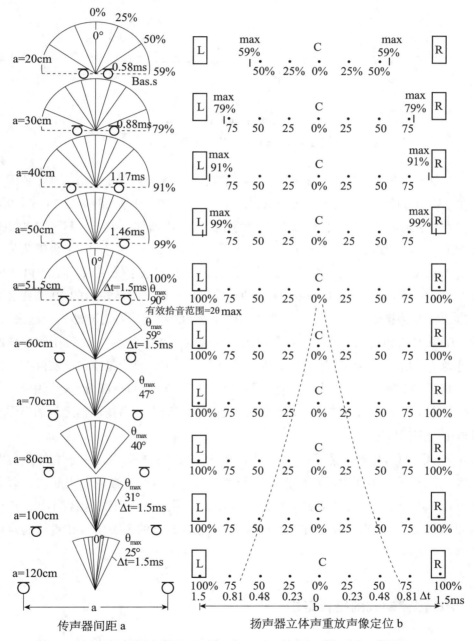

图 4-6　随传声器间距 a 的增加，对 $\Delta t$ 和 $\theta_{max}$ 的影响示意图

图中 $\theta_{max} = \Delta t$ 为 1.5ms 时声源角度

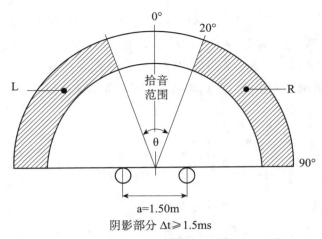

**图 4-7  a=1.50m 的拾音示意图**

图 4-7 中，在声源入射角为 ±20° 处，便满足了 1.5ms 的声像定位值。这个范围内的声源信号在立体声重放中会在 L-C-R 的范围内定位；而从大于声源入射角 ±20°～±90° 范围内的声源（图中阴影部分）都将停留在相应的左或右扬声器那一点上，不可能形成声像展开。假如图 4-7 中的声源是一合唱队，在 180° 的范围内每 ±10° 有 10 个合唱队员，合唱队便共有 180 人。那么，做立体声重放时，只有位于合唱队中间 ±20° 内的 40 人的声像分布在 L-C-R 之间，实现从 0 ～ ±100% 的声像定位；而合唱队左边的 70 人就会堆积在一起，定位在左边扬声器的一点上，即全部停留在 100% 上，右边亦然。听起来，均匀、完整的合唱队声像拥挤在两侧，也就是出现了常说的"空洞现象"，也称中间稀疏或后退现象。笔者认为后一种说法更准确些，因为"空洞"会被误解为是空白。实际在两扬声器之间也布满了 Δt 在 1.5ms 以内的声像，只是仅包括了声源的一部分（上例中是 40 人），显得稀疏。由于声像在两侧堆积，必然导致声强加大；而左和右扬声器之间的声强相对较弱，显得中间声像后退。

图 4-8 幽默而形象地描述了产生中间稀疏和后退现象的原因是由于立体声传声器的间距过大，但不是由中间声源距两传声器距离较远，辐射的声强较弱引起的，因为从公式 4-4 可计算出 ΔL 在 AB 拾音制式中的声像定位作用同 Δt 相比是相当小的。产生上述现象的原因是 Δt，也就是说，由于大量的 Δt 大于 1.5ms 的声源信号在重放时定位在扬声器两侧而造成的。

## 4.1.4  AB 拾音制式的拾音范围

立体声录音的目的是利用技术手段将在某一声场条件下声音发生的过程记录下来，并将这一声音发生过程再现。具体地说，就是利用传声器的设置，拾取、记录声源的空间信息，并借助扬声器将其还原。在录音的实际工作中，扬声器立体声重放系统是按照业内标准设置的，声源和声场在一般情况下又是客观存在的，从某种意义上讲，录音师唯一能做的就是利用传声器的设置在声源、声场和扬声器重放系统之间建立起符合逻辑的"链接"，使拾取和记录的声音信息既符合声源、声场的客观存在性，又能够在我们已限定的标准扬声器系统设置中再现（这里不涉及录音的艺术创造层面）。为了使声音的方位信息被"忠实"地拾取和再现，我们引入一个概念——拾音范围。拾音范围是立体声传声器系统拾取的全部声信号能在立体声重放系统中正确声像定位的声源范围。这一概念适用于所有的拾音制式。在 AB 拾音制式中，拾音范围指立体声传声器拾取的全部时间差 $\Delta t$ 在 1.5ms 范围内的声源范围，它是在 $\Delta t$=1.5ms 处声源最大入射角（$\theta_{max}$，即拾音范围角度）的 2 倍，即拾音范围 =2 $\times \theta_{max}$。

图 4-8　中间声像稀疏和后退现象

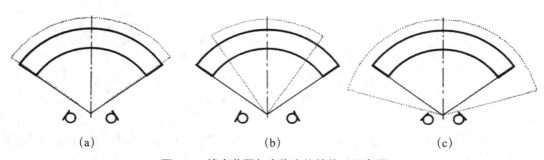

图 4-9　拾音范围与声像定位的关系示意图

图 4-9 中的实线为乐队最外边两侧与立体声传声器系统中点（两传声器连线的中点）形成的有形的、用肉眼可以看到的乐队宽度的角度，图 4-9 中的虚线为由于立体声传声器系统两个传声器间距 a 的不同而形成的无形的、用肉眼看不到的拾音范围。在录音中，拾音范围一般应刚好覆盖全部声源，即使实线和虚线重合，如图 4-9(a) 所示。若拾音范围小于乐队宽度，如图 4-9(b) 所示，就会出现声像中间稀疏和后退现象；若拾音范围大于声源乐队宽度，如图 4-9(c) 所示，就会出现声像向中间集中，严重时存在使声像变成单声道的趋势。

为了进一步说明问题，图 4-10 描述了采用图 4-9（a）、（b）、（c）三种不同的拾音范围拾取的声音信号在扬声器立体声重放中声像定位的结果。

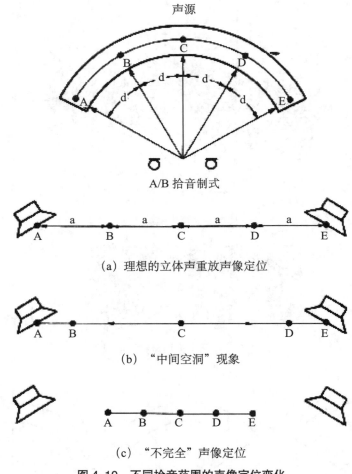

（a）理想的立体声重放声像定位

（b）"中间空洞"现象

（c）"不完全"声像定位

图 4-10　不同拾音范围的声像定位变化

在使用 AB 拾音制式的实际录音工作中，一般情况下，乐队宽度就应该是拾音范围，即乐队宽度最外侧与传声器系统中点的角度应该是拾音范围角度。用公式 4-8 就可以计算出立体声传声器系统应采取的传声器间距 a。

$$a = \frac{\Delta t \cdot c}{\sin\theta} = \frac{1.5 \times 10^{-3} \times 343}{\sin\theta} \qquad \text{公式 4-8}$$

如果已经确定了传声器间距，可以用公式 4-9 计算拾音范围角度 $\theta_{max}$：

$$\theta_{max} = \arcsin\frac{\Delta t \cdot c}{a} = \arcsin\frac{1.5 \times 10^{-3} \times 343}{a} \qquad \text{公式 4-9}$$

图 4-11 中的曲线描述了拾音范围角度随立体声传声器间距 a 变化的情况，表 4-4 列出该情况的相应数据。实际录音中，AB 拾音制式要求立体声传声器系统距乐队最前端应该 ≥ 2a ≥ lm，并在这个基础上调整拾音范围角度（详见 4.1.5）。

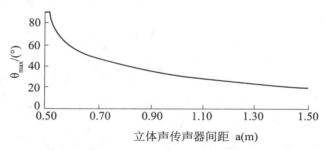

图 4-11　传声器间距与拾音范围角度关系曲线

表 4-4　拾音范围角度、传声器间距、拾音范围对照表

| 拾音范围角度 $\theta_{max}$（°） | 10 | 20 | 30 | 40 | 50 | 60 | 70 | 80 | 90 |
|---|---|---|---|---|---|---|---|---|---|
| 传声器间距 a(m) | 2.96 | 1.50 | 1.03 | 0.80 | 0.67 | 0.59 | 0.55 | 0.52 | 0.51 |
| 拾音范围 $2\theta_{max}$（°） | 20 | 40 | 60 | 80 | 100 | 120 | 140 | 160 | 180 |

以上只讨论了 $\Delta t$ 对扬声器立体声重放声像定位的影响。影响声像定位的因素很多，如 $\Delta L$（强度差）、$\Delta\varphi$（相位差），还有 $\Delta f$ 音色差，但它们对 AB 拾音制式立体声重放时声像定位的影响不大。可以说，AB 拾音制式中，$\Delta t$ 是研究立体声重放声像定位问题最重要的因素。掌握 $\Delta t$ 对声像立体声重放系统中定位的影响是正确使用 AB 拾音制式的关键环节。

## 4.1.5　AB 拾音制式中 $\Delta L$ 对声像定位的影响

在 AB 拾音制式中，录音师利用两个传声器拾取的声道间 $\Delta t$ 信息塑造立体声声像分布。理想的时间差方式希望声道间只存在 $\Delta t$ 信息，也就是说，我们希望追求"纯"的时间差拾音方式。但遗憾的是，"纯"的时间差信号只有在实验室中才能得到。在自然界中，这种情况是不存在的。我们从图 4-1 中得知，两传声器的间距 a 使偏离传声器系统主轴方向的某一点声源到达两传声器的声程出现 $\Delta l$，$\Delta l$ 导致左右声道间的信号存在 $\Delta t$。从声学理论得知，$\Delta l$ 在造成左右声道间的 $\Delta t$ 信息的同时，$\Delta l$ 也势必造成左右声道间的信号存在强度差 $\Delta L$。在 AB 拾音制式中，$\Delta L$ 对立体声重放的声像定位当然会产生影响。

图 4-12 中的传声器间距 a=0.60m，根据公式 4-7 求得 $\theta_{max}$=59°。图中阴影区为声道间信号大于 1.5ms，且声像定位在左或右扬声器上的区域。如 4.3 和 4.4 节所述，用简化公式 4-6 求得的 $\Delta t$ 和用简化公式 4-7 求得的 $\theta_{max}$ 是一般情况下使用 AB 拾音制式的计算方法，其前提是将声源 $\theta_s$ 定义距传声器系统为无穷远（平面声源），即不考虑 $\Delta L$ 对立体声重放声像定位的影响。

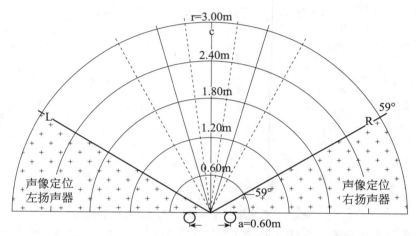

图 4-12　AB 拾音制式 a=0.6m，只考虑 $\Delta t$ 的拾音范围

图 4-13 是与图 4-12 同样的 AB 拾音制式传声器系统，不同的是将 $\Delta L$ 带入后，$\theta_{max}$ 角度的变化情况。表 4-5 是将用公式 4-1、4-2、4-3 和 4-4 计算的 $\Delta L$ 值带入后，拾音范围角度 $\theta_{max}$ 角度随声源距传声器系统距离变化而变化的对照表。

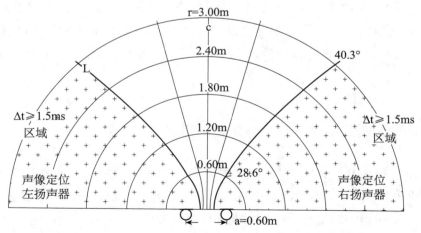

图 4-13　AB 拾音制式 a=0.6m，考虑 $\Delta t+\Delta L$ 的拾音范围

表 4-5　图 4-13 中 $\theta_s$ 角度随声源距传声器系统距离（r）变化而变化的对照表

| r | 0.6 | 1.2 | 1.8 | 2.4 | 3.0 | 3.6 | 4.2 | 4.8 | 5.4 | 6.0 | ∞ |
|---|---|---|---|---|---|---|---|---|---|---|---|
| $\theta_{max}$ | 28.6° | 32.3° | 35.7° | 38.2° | 40.3° | 41.9° | 43.3° | 44.4° | 45.4° | 46.2° | 59° |

　　我们在 2.2.5 一节中曾阐述："在立体声重放中，时间差和强度差具有同样的意义，声像的偏移比时间差和强度差单独的作用大，是二者的叠加"。图 4-12 中，我们只考虑了时间差对声像偏移的影响，所以，当 $\Delta t=1.5ms$ 时，即声像定位达到 100% 处的角度（$\theta_{max}$）是 59°，并且，无论声源距传声器系统远近，都是 59°。显然，这个角度就是该传声器系统的拾音范围角度。由于 $\Delta L$ 与 $\Delta t$ 具有同样的使立体声重放声像偏移的作用，所以，考虑 $\Delta L$ 的因素后，图 4-13 中任何一点的 $\theta_{max}$ 的角度都相对图 4-12 减小。如在声源距传声器系统 3m，$\theta_{max}$ 为 40.3° 这一点上，$\Delta t=1.13ms$，声像定位值达到 91%，而在该点上，$\Delta L=1.08dB$，声像定位值为 9%，$\Delta t$ 和 $\Delta L$ 共同声像定位值达到 100%，也就是说，该点的拾音范围角度是 40.3°，由于考虑了 $\Delta L$ 对声像定位的影响，图 4-13 的拾音范围角度比图 4-12 要小。同时我们注意到，图 4-13 中 $\theta_{max}$ 角度减小的程度随着 $\theta_s$ 靠近传声器系统而明显，也就是说，在 AB 拾音制式中，$\theta_s$ 越靠近传声器系统，$\Delta L$ 所起的导致声像偏移作用越大。这一点很好理解，根据公式 4-4，$\Delta L$ 的大小取决于 $l_1$ 与 $l_2$ 的比值，显然，$\theta_s$ 越靠近传声器系统，$l_1$ 与 $l_2$ 的比值就越大，$\Delta L$ 值也越大。

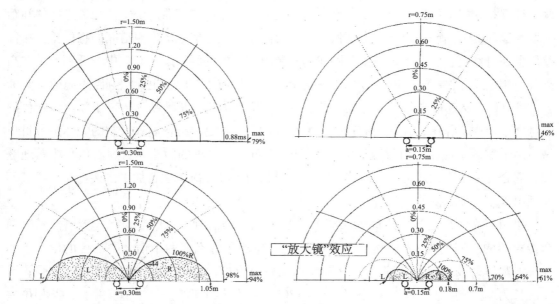

图 4-14（上图）当 a=0.3m，只考虑 $\Delta t$ 的拾音范围　图 4-16（上图）当 a=0.15m，只考虑 $\Delta t$ 的拾音范围
图 4-15（下图）当 a=0.3m，考虑 $\Delta t+\Delta L$ 的拾音范围　图 4-17（下图）当 a=0.15m，考虑 $\Delta t+\Delta L$ 的拾音范围

　　对照图 4-12 和图 4-13、图 4-14 和图 4-15、图 4-16 和图 4-17。三组图为 AB 拾音制

式不同的传声器间距导致 ΔL 对声像定位影响程度的不同。分析三组图我们可得出结论：ΔL 对声像定位的影响是声源越靠近传声器系统越明显。

图 4-17 中，传声器间距只有 0.15m，拾音范围的图形在靠近传声器系统时的变化十分明显，图中声像定位在左或右扬声器上的单声道区域，即阴影区很像放大镜，我们称这种现象为"放大镜效应"。显然，由 ΔL 引起的"放大镜效应"使我们在实际录音工作中，对 AB 拾音制式的拾音范围角度很难把握。所以，我们规定，在使用 AB 拾音制式录音时，要求声源距传声器系统的距离 ≥ 2a（二倍传声器间距）≥ 1m。这样，就将 ΔL 对声像定位的影响降低到可允许的范围内。

总之，在使用 AB 拾音制式时，我们一般把它理解为"纯"的时间差拾音方法，不必过多地考虑 ΔL 对声像定位的影响，但必须以遵守上述声源距传声器系统的距离 ≥ 2a ≥ 1m 的原则为前提。

## 4.1.6　梳状滤波器效应

物理理论认为：相位是振动状态随时间变化的量度。一个完整的振动周期为 360°。相位差表达两个相同频率振动的振动状态差异。例如两个波的波峰在一点相遇，则在此点两个波同相（相位差为 0°），又例如一个波的波峰与另一个波的波谷在一点相遇，则在此点两个波反相（相位差为 180°）。AB 拾音制式是利用立体声传声器系统中两个传声器的间距拾取声道间的时间差。由于声道间信号存在时间差，也必然会产生声道间的相位差。相位差信息在自然听音状态下，也是帮助我们判断声源方向的因素，尤其在中、低频段（在高频段，相位差往往超过 360°，我们无法确定声音是提前或滞后，也无法判断声源的方向）。

可见，在 AB 拾音制式中，左右声道间的相位差信息也是帮助立体声重放声像定位的信息之一。在工作中，往往会有这样的情况：需要将用 AB 拾音制式录制的立体声节目源做单声道重放（这在目前我国的电视播出中较普遍）。常见的做法是将左右信号简单地叠加，混合为一个声道。但是，若将带有相位差的两个信号简单地叠加，往往会产生我们不希望出现的"梳状滤波器效应"。

假如一立体声信号声道间的时间差为 Δt，某一声源到达 AB 拾音制式传声器系统两个传声器的声程差为 Δl（声速 c 在常温下为 343m/s），那么，两个信号叠加后的信号，如果某一频率的波长与 Δl 相等，即该频率相位差为 360°，必然导致该频率的信号加强；对应波长为 Δl 一半的频率，由于相位差为 180°，导致该频率的信号抵消。并且，某相位差为 360° 频率的整倍数频率都会由于叠加得到加强；显然，某相位差为 180° 频率的奇数倍频率都会由于叠加而抵消。这样，由于某些频率的信号加强和某些频率信号的抵消（或减弱）最终导致信号的畸变，即所谓的"梳状滤波器效应"。这样的单声道信号无疑是不理想的。

在通频带中，相位差为 360° 的最初频率称为 $f_o$，相位差为 180° 的最初频率称为 $f_n$。因为"相位差"总是与"时间差"相关，则得到以下公式：

$$f_o = \frac{1}{\Delta t} \qquad\qquad 公式\ 4\text{-}10$$

$$f_n = \frac{0.5}{\Delta t} \qquad\qquad 公式\ 4\text{-}11$$

图 4-18 描述了不同传声器间距导致相对应的"梳状滤波器效应"的情况。因为"梳状滤波器效应"与声道间的时间差相关，时间差又与传声器间距相关，所以，随着传声器间距的增加，拾取到的时间差也增加，"梳状滤波器效应"也越严重。

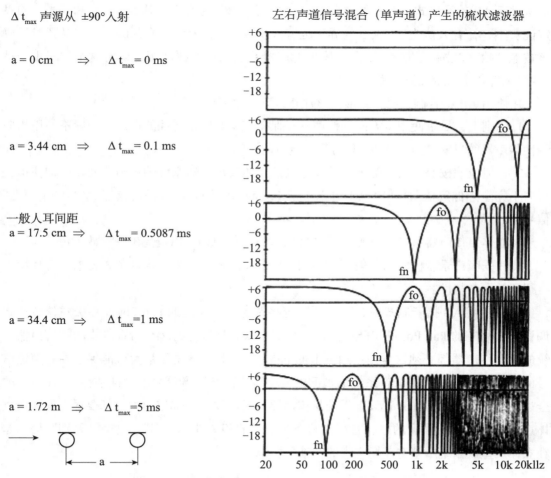

图 4-18　不同传声器间距与相对应的"梳状滤波器效应"

需要强调一点，"梳状滤波器效应"使 AB 拾音制式立体声／单声道的兼容性不好，这是 AB 拾音制式的主要缺点之一。但是一些声学专家认为，"梳状滤波器效应"在短混响时间的小型录音棚中录音和声音在宽频带并且持续时间较长的情况下才比较明显。另外，今天立体声如此普及，立体声／单声道的兼容问题也几乎不是问题了。所以，AB 拾音制式又受到许多录音师的青睐。

### 4.1.7　AB 拾音制式的特点和使用

AB 拾音制式的优点很多，使用 AB 拾音制式录制的音乐有很好的厅堂感、纵深感、临场感，音乐丰满、"温暖"。因为 AB 拾音制式拾取的声道间信号包含有时间差、相位差和强度差信息，基本再现了声场的全部空间信息，录音效果令人满意。AB 拾音制式的突出缺陷是"中间声像稀疏和后退"现象、"梳状滤波器效应"导致立体声／单声道"兼容"不好。

对于 AB 拾音制式，有一种"大 AB"和"小 AB"的说法。对于"大"和"小"的界定说法不一，有人认为以 60cm 为界，也有人认为以 1m 为界。笔者认为：在录音时，应该按照"拾音范围"的理论设定立体声传声器系统的传声器间距，认定这个"间距"是"大"或者"小"意义何在呢？

在使用 AB 拾音制式时，一般应该注意以下一些问题：

1. 原则上，尽量使用全方向性传声器，保持其良好厅堂特性的优点。一般不使用指向特性传声器的目的是为了减少 ΔL 对声像定位的影响。

2. 一般应该按照"拾音范围"的理论设定立体声传声器系统的传声器间距，即使拟获得"不完全声像定位"，间距也不可以小于 15cm，此时的录音信号已经几乎是"单声道"信号了。

3. 立体声传声器系统距声源应遵循 ≥ 2a ≥ 1m 的原则，以避免出现"放大镜效应"。

4. 在强吸声录音棚中，一般不宜使用 AB 拾音制式，因为该拾音制式要求录音环境具有很好的厅堂特性。

5. 在使用 AB 拾音制式时，录音师一定将调音台左通道的 Pan Pot 设在极左位置；将调音台右通道的 Pan Pot 设在极右位置。在本书以后将讨论的所有拾音制式的主传声器系统的两个传声器都必须这样使用通道上的 Pan Pot。其目的是尽最大可能保证左右声道信号的严格隔离，以避免录音系统通道间的"串音"破坏声音信号的"纯洁性"。在录音的全过程中，声音信号在录音设备系统从传声器到扬声器的全部流程中，都要尽力保证由立体声传声器系统拾取到的左、右声道间声音信号的相关性"差别"。这个"差别"信号是在立体声重放系统中塑造声场宝贵的"唯一资源"。

## 4.2　Decca Tree 拾音制式

AB 拾音制式在时间差拾音方法中是典型的拾音制式，使用也十分普遍。严格地定义，

AB 拾音制式的传声器设置应该遵循"使用全方向特性传声器，并且两个传声器彼此拉开一定的间距"的原则。但是，也必须承认 AB 拾音制式的使用并不规范（当然也没有必要苛求"规范"，更不必为了"规范"而规范），随意性很大。当然，录音师根据声场的具体情况和音乐形式，根据个人的音响审美追求，甚至由于受技术和设备条件的限制而灵活地调整传声器设置是无可厚非的，在很多情况下也是十分有必要的。但是，在理论上，大多这些调整后的传声器设置可以称为"时间差拾音方法"，但不能够再称其为"AB 拾音制式"，顶多称其为 AB 拾音制式的"变体"。目前流行的 AB 拾音制式的"变体"较多，许多变化形式都有其新的命名。

　　图 4-19 中的拾音制式是由著名的 Decca 唱片公司设计的，且传声器的设置很像圣诞树的形状，故命名为"Decca Tree 拾音制式"，中文可音译为"德卡树拾音制式"。该拾音制式使用三个全方向特性传声器组成一个等边三角形，其中一个传声器正对声源的中央，另外两个传声器指向声源的两侧。

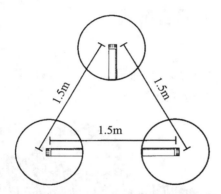

图 4-19　Decca Tree 拾音制式示意图

　　"Decca Tree"拾音制式的传声器设置与 1942 年在德国柏林帝国广播电台第一演播厅人类历史上首次成功的立体声录音实验的传声器设置十分接近。它与 AB 拾音制式的主要区别是增加了中间传声器，增加的这个传声器拾取的声音信号通道的 Pan Pot 置于"中间"位置，该中间传声器与立体声原理无关，其设计思想是为了加强声音的融合性，缓解中间声音的稀疏和后退现象。

　　Decca Tree 拾音制式的传声器设置并不严格和固定，使用时可以灵活地调整，据资料介绍，流行的传声器设置也有一些不同的版本，图 4-19 中的传声器设置只是其中的一种。

## 4.3　FAULKNER 拾音制式

　　图 4-20 是 FAULKNER 拾音制式示意图，中文可音译为"弗克纳拾音制式"。

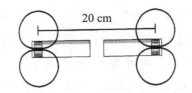

图 4-20　FAULKNER 拾音制式示意图

该拾音制式也是 AB 拾音制式中所谓小 AB 的一种变体，它使用两个平行的 8 字形传声器，传声器间距 20cm，且传声器 0 度方向指向声源。该拾音制式与小 AB 的区别是对来自侧面的声音有较强的抑制能力。由于 FAULKNER 拾音制式的传声器间距较小，拾取的声音信号是"不完全声像定位"，所以，很少使用该拾音制式做大型乐队的主传声器，一般用于小型乐队的录音，或者在乐队中作为某件乐器或乐器组的辅助立体声传声器。

# 4.4　STRAUSS 组合拾音制式

图 4-21 的拾音制式原文为德语"StrausPaket"。Strauss 是人的名字，Paket 原意是"全盘计划"，中文可音译为"斯特劳斯组合拾音制式"。

图 4-21　STRAUSS 组合拾音制式

该拾音制式使用四个传声器组合成立体声传声器系统。四个传声器中两个为全方向特性传声器，另外两个为心形或者其他指向特性传声器（图 4-21 中，使用的是超心形传声器）。该拾音制式的组合机构为：将四个传声器分为全方向传声器在下，心形传声器（或其他指向特性传声器）在上垂直靠拢设置的两个传声器组，并将两个传声器组彼此拉开20cm 的间距，平行指向声源。图 4-21 只是该"组合"中的一个传声器组，不是"组合"的全部。该拾音制式的传声器设置类似 FAULKNER 拾音制式，只是用全方向和心形传声器组替换后者的 8 字形传声器。所以，该拾音制式的使用与 FAULKNER 拾音制式没有大的区别，一般用于小型乐队的录音，或者在乐队中作为某件乐器或乐器组的辅助立体声传声器。"Strauss Paket"每组的两个传声器拾取的声音信号都要馈送到调音台相应的两个左通道或者右通道，且通道的 Pan Pot 均设置到极左或极右位置。

　　"斯特劳斯组合拾音制式"的设计者在每一个声道使用指向特性不同的两个传声器，目的是利用两个传声器不同的音色特性以提高声音品质，使音色更加丰满。这便是该拾音制式独到的特点。

# 4.5　ABCDE 拾音制式

　　ABCDE 拾音制式可以说是与 AB 拾音制式"血缘"关系最近的一种拾音制式。该拾音制式使用五个全方向特性传声器等间距地与声源的宽度相对，ABCDE 五个传声器相应通道的 Pan Pot 依次设置为极左、半左、中、半右、极右。这种拾音方法似乎是"多点"拾音方法，但是，"多点"拾音方法一般还需设置第二排，或者更多排传声器，且传声器分布不规则。而 ABCDE 拾音制式只使用一排传声器，分布十分规则。

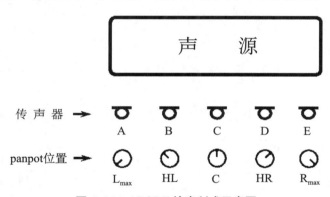

图 4-22　ABCDE 拾音制式示意图

　　ABCDE 拾音制式适合在厅堂特性良好、声源很宽的情况下录音。该拾音制式尤其适合歌剧录音，其五个等间距排列的传声器能很好地描述舞台上歌唱家的舞台调度变化。

## 【思考题】

　　1. 如何理解人在自然听音状态下对声源方向的判断与在立体声重放系统中"声像定位"的区别？

　　2. AB 拾音制式产生"不完全声像定位"的原因是什么？

3. AB 拾音制式产生声像"中间稀疏和后退现象"的原因是什么？

4. 如何解释"拾音范围"的重要性？

5. AB 拾音制式有哪些使用原则？

6. 计算：某乐队的宽度为 8m，若使用 AB 拾音制式录音，当立体声传声器系统距乐队前沿距离为 1m、2m 或 3m，传声器间距 a 分别为多少？

# 第五章　强度差拾音方法

在第四章的讨论中，我们注意到时间差拾音方法一个十分突出的缺点是立体声 / 单声道的兼容性不好。产生这一现象的主要原因是在使用时间差拾音方法时，我们必须将两个主传声器拉开一定的间距，以获取声道间的时间差。在拾取时间差的同时，也势必拾取了相位差。正是这个相位差，在做单声道重放时，产生了梳状滤波器效应，在某种程度上影响了单声道重放的声音质量。在立体声发展的初级阶段，由于立体声广播的普及程度很低，绝大部分家庭也没有立体声接收设备，为了提高广播的接收质量，具有很好的立体声 / 单声道兼容性的拾音方法便呼之欲出，这就是强度差拾音方法。

强度差拾音方法是将立体声传声器系统的两个传声器在理论上置于声场中的一个点，也就是两个传声器的间距为零。这样，声场中来自任意方向的声音都将同时到达两个传声器，记录的声信号不存在声道间的时间差，也就不存在相位差。这样的立体声信号做单声道重放时，不会出现时间差拾音方法中的声音畸变，也就是说，强度差拾音方法的立体声 / 单声道兼容性很好。在实践中，由于传声器外壳的存在，两传声器的间距为零的理想状态是无法实现的，但要在轴向上使两传声器尽量靠拢，两传声器无法避免的间距产生的误差是很小的，可以忽略不计，在理论上，可以理解为两传声器的间距为零。在使用强度差拾音方法时，最好使用立体声传声器，立体声传声器的构造是将两个传声器的振膜安装在一个外壳里，使两个传声器的间距缩小到极致。

强度差拾音方法是依靠两个传声器的指向特性和放置角度使拾取的声音信号产生声道间的强度差（如 XY 拾音制式），或将两个传声器拾取的声音信号经过技术处理生成声道间的强度差（如 MS 拾音制式），并利用强度差完成立体声重放声像定位的拾音方法。也有人认为，强度差这一概念是不科学的，强度差会使人联想到声学中的声强度，而强度差拾音方法中声道间的"差"事实上是电平差，所以，也有人称"强度差拾音方法"为"电平差拾音方法"。

# 5.1 XY 拾音制式

强度差拾音方法中具有代表性的是 XY 拾音制式。

## 5.1.1 XY 拾音制式的拾音原理和立体声重放原理

XY 拾音制式是将两个特性完全相同的指向性传声器紧靠在一起，同轴放置，置于声场中的一个点。由于两个传声器的间距为零，拾取的声道间信号不存在时间差Δt，也自然不存在相位差Δφ。但声场中来自不同方向的声音到达立体声传声器系统时，由于该传声器系统的两个传声器的指向特性和放置角度，拾取的声道间信号存在强度差信息。强度差用ΔL（英语 level）或ΔP（德语 Pegel）表示。

图 5-1 XY 拾音制式传声器设置示意图中，两个传声器的振膜紧靠在一起。XY 拾音制式可以使用除全方向和扁圆形指向特性传声器以外的任何指向特性传声器，一般情况下，心形和 8 字形传声器使用得较多，尤以心形传声器的使用更为常见。

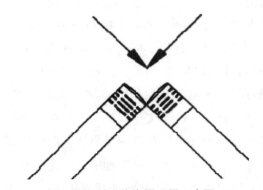

图 5-1　XY 拾音制式传声器设置示意图

图 5-2 是典型的 XY 拾音制式示意图。该拾音制式使用两个心形指向特性传声器，将两个传声器的振膜尽可能紧靠在一起，其中一个传声器（X 传声器）在轴线上向左偏移，指向声场的左前方；另一个传声器（Y 传声器）在轴线上向右偏移，指向声场的右前方，并将 X 传声器拾取的信号馈送到记录媒体的左（L）声道；将 Y 传声器拾取的信号馈送到记录媒体的右（R）声道。图中 υ 指从立体声传声器系统 0° 分别到每个传声器最大灵敏度（即传声器的 0° 轴）之间的角度，称传声器偏移角度，图中 X 传声器的传声器偏移角度 υX 为 -45°；Y 传声器的传声器偏移角度 υY 为 +45°。图中 α 指两个传声器最大灵敏度之间的角度，称传声器系统主轴张开角，图中为 2υ ，即 α = 90°。图中 φ 为传声

器系统有效拾音范围角度，即指立体声传声器系统 0° 到该系统一侧产生最大Δ L 的角度。如，当 $\varphi$ 在 X 传声器一侧，相对 Y 传声器而言，声源入射角度为 180°（理论上输出为零）时，该系统 $\varphi$ 为 135°，也是该 XY 立体声传声器系统能拾取最大Δ L 的角度，在 Y 传声器一侧同理，传声器系统两侧 $\varphi$ 的和，即 $2\varphi$ 为传声器系统有效拾音范围。

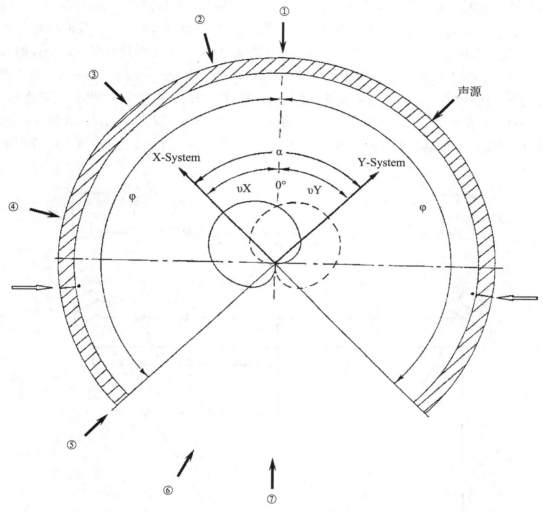

图 5-2　一种 XY 拾音制式示意图

图中：$\upsilon$ X=-45°

　　　　$\upsilon$ Y=+45°

　　　　$\alpha$ =2 $\upsilon$ =90°

　　　　$\varphi$ =135°，$2\varphi$ =270°

　　　　X=L，Y=R

图 5-3 为强度差拾音方法扬声器立体声重放原理图。为了详述 XY 拾音制式的拾音原理，下面以图 5-2 较典型的设置为例，同时参照图 5-3 分析 XY 拾音制式的立体声重放原理。为了阐述清楚，我们将声源相对 XY 拾音制式传声器系统（指两个传声器）的入射角度称为 $\theta_s$，$\theta_s=0°$ 这一点，是 XY 拾音制式传声器系统的正前方，$\theta_s$ 顺时针旋转的角度为正，逆时针旋转的角度为负，但无论 $\theta_s$ 顺时针还是逆时针旋转，都是偏离 $\theta_s=0°$ 的运动，是相对 $\theta_s=0°$ 这一角度的增加（绝对值的增加）。也可这样理解，我们将 $\theta_s$ 远离 $\theta_s=0°$ 这一点的运动视为 $\theta_s$ 角度的增加；将 $\theta_s$ 靠近 $\theta_s=0°$ 这一点的运动视为 $\theta_s$ 角度的减小。另外，我们将 $\theta_s$ 在某角度相对 X 传声器或 Y 传声器（指一个传声器）的入射角度称为 $\theta_{in}$，$\theta_{in}=0°$ 这一点，是传声器灵敏度最高、输出电平最大，即传声器指向性系数为 1 的一点（如在 $\theta_s=0°$ 处，X 传声器的 $\theta_{in}=+45°$；Y 传声器的 $\theta_{in}=-45°$），同样，我们将 $\theta_{in}$ 远离 $\theta_{in}=0°$ 这一点的运动视为 $\theta_{in}$ 角度的增加；将 $\theta_{in}$ 靠近 $\theta_{in}=0°$ 这一点的运动视为 $\theta_{in}$ 角度的减小。

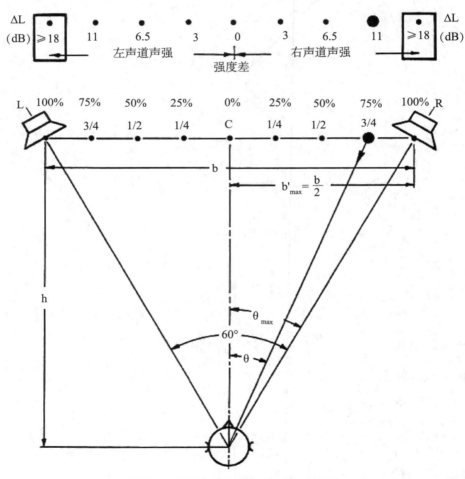

图 5-3　强度差扬声器立体声重放原理图

图中：b：两扬声器间距

　　　h：听音人与两扬声器连线中点的距离

　　　θ：声像定位点与听音人的夹角

①当 $θ_s$=0° 时，X 和 Y 传声器处于 $θ_{in}$=± 45° 的工作状态，虽然两个传声器由于指向特性使输出相对 $θ_{in}$=0° 时有所衰减，但 X 和 Y 两个传声器的输出电平是相等的，即不存在声道间的 ΔL，显然，在对这个信号做立体声重放时，声像定位在两扬声器连线的中点 C 上。

②当声源逆时针旋转，即 $θ_s$ 角度增加时，根据传声器指向特性可得知，由于 X 传声器的 $θ_{in}$ 角度减小，使输出电平增加；而 Y 传声器由于 $θ_{in}$ 角度的增加，使输出电平减少。此时，显然由于左声道的信号电平比右声道信号电平大，声道间的 ΔL 产生（ΔL 的计算在5.1.3 中介绍），在做立体声重放时，声像定位向左偏移。

③当 $θ_s$=-45° 时，X 传声器的 $θ_{in}$=0°，输出电平最大，为 0dB；而 Y 传声器的 $θ_{in}$=-90°，输出电平为 -6dB，且 ΔL 为 6dB。声像定位相对②继续向左偏移。

④当 $θ_s$ 相对③继续逆时针旋转时，X 传声器的 $θ_{in}$ 增加，使输出电平减小；Y 传声器的 $θ_{in}$ 继续增加，输出电平也继续减小。此时，虽然 X 和 Y 传声器的输出电平都在减小，但两个传声器在 $θ_{in}$ 角度不同的基础上增加，根据传声器指向特性，X 传声器输出电平的衰减量比 Y 传声器输出电平的衰减量要小，所以，ΔL 继续增加，声像定位继续向左偏移。

⑤当 $θ_s$=-135° 时，X 传声器的 $θ_{in}$=90°，输出电平为 -6dB，Y 传声器的 $θ_{in}$=180°，理论上输出电平为零，即传声器没有输出，此时 ΔL 为 ∞，声像定位显然在左扬声器上。

⑥当 $θ_s$ > -135° 时，X 传声器的 $θ_{in}$ > 90°，输出电平相对⑤继续减小，而 Y 传声器由于 $θ_{in}$ < 180°，输出相对⑤增加，此时 ΔL < ∞，声像定位开始从左扬声器向两扬声器连线的中点 C 的方向移动。此时的情况是：随着声源角度的继续逆时针增加，而扬声器立体声重放的声像定位却向右移动，显然是有悖于声源的实际情况的。所以，这个区域拾取的声音信号是不能使用的。

⑦当 $θ_s$=180° 时，X 传声器和 Y 传声器的 $θ_{in}$=± 135°，两传声器输出电平很小，但大小相等，ΔL 为零，声像定位回到两扬声器上连线中点 C 上。

上述①到⑦是声源 $θ_s$ 逆时针移动的情况，若 $θ_s$ 顺时针移动，原理相同。只是 X 传声器和 Y 传声器的工作情况与①到⑥相反（⑦的情况二者相同），声像定位在扬声器 C-R 间移动。

总结上述情况，在 $θ_s$ 从 0° → ±135° 之间增加时，ΔL 也随着从 0→∞ 之间增加，立体声重放的声像也从两扬声器上连线中点 C 向左（或右）定位。直到声像定位在左（或右）扬声器上。显然，$θ_s$ 在 0° → ±135° 之间变化时，立体声重放的声像定位移动方向同声源的移动方向一致，符合立体声原理。而 $θ_s$ 在 ±135° →180° 之间，由于随着 $θ_s$ 角度的增加，ΔL 随之减少，立体声重放的声像定位移动方向同声源的移动方向相反，有悖于立体声原理；另外，这个区域拾取的声音信号灵敏度很低，我们录音时，不能将乐器摆放在这个区域，也可将这个区域称为非工作区域。

## 5.1.2 XY 拾音制式的有效拾音范围

在 5.1.1 对图 5-2 的讨论中，我们得知，当 $\theta_s$ 处于立体声传声器系统 0° 位置时，声道间的 $\Delta L$ 也为 0，即声道间信号不存在强度差信息，随着 $\theta_s$ 的增加，$\Delta L$ 也增加；直到 $\theta_s=\pm135°$，$\Delta L$ 为 ∞。所以，上例中 ±135° 被称为有效拾音角度。XY 拾音制式传声器系统有效拾音角度指在该系统中，拾取的 $\Delta L$ 为 ∞ 的角度，用符号 $\varphi$ 表示。这表明了在 0° 到 $\varphi$ 之间，随着声源 $\theta_s$ 入射角度的增加，$\Delta L$ 也从 0 到 ∞ 增加，立体声重放的声像定位移动方向同声源的移动方向一致，符合立体声原理。在图 5-2 中，$\varphi=\pm135°$。

那么，有效拾音角度 $\varphi$ 是如何求得的呢？分析图 5-2 $\varphi=-135°$ 这一点。此时，X 传声器的 $\theta_{in}=90°$，输出电平为 -6dB，Y 传声器的 $\theta_{in}=180°$，理论上输出电平为零，即传声器没有输出。由于 XY 拾音制式其中一个传声器输出为零，使得 $\Delta L$ 为 ∞，产生了 $\varphi$。而这个传声器在 $\theta_s$ 什么角度输出为零，取决于该传声器系统的传声器偏移角度 $\upsilon$，在上例中由于 $\upsilon$ Y=45°，使得 Y 传声器输出为零的 180° 指对 $\theta_s=-135°$ 这一点，即 $\varphi$。传声器输出为零的角度用 $M_0$ 表示，那么：

$$\varphi = M_0 - \upsilon \qquad\qquad 公式 5-1$$

在上例中 180°-45°=135°。

我们知道，传声器输出为零的角度 $M_0$ 的大小是传声器指向特性的一部分内容（参照图 1-7），也可以说，$M_0$ 的大小是由传声器指向特性决定的。这样，从公式 5-1 中可以得出结论，XY 拾音制式中影响有效拾音角度 $\varphi$ 的有两个因素，即传声器指向特性的 $M_0$ 角度和传声器系统中传声器偏移角度 $\upsilon$。且 $M_0$ 角度越大，$\varphi$ 角度越大；$\upsilon$ 角度越大，$\varphi$ 角度越小。下面就这两个因素进行分析。

1. 传声器指向特性

参照图 3-7，不同指向特性传声器的 $M_0$ 角度是传声器的天生特性，在 XY 拾音制式中选用具有不同的传声器指向特性的传声器，就从一定程度上决定了 $\varphi$ 的大小。从图 3-7 中看到，全方向指向特性传声器没有 $M_0$ 的角度，所以说，在 XY 拾音制式中，不能使用全方向特性传声器，因为在传声器系统中无论如何设置全方向特性传声器都无法拾取声道间的 $\Delta L$，XY 拾音制式无法工作。扁圆形指向特性传声器也没有 $M_0$，虽然在传声器系统中经过对扁圆形传声器的设置，可以拾取声道间的 $\Delta L$，但这个 $\Delta L$ 值很小，不足以完成立体声重放的完全声像定位，所以，在 XY 拾音制式中，一般也不使用扁圆形传声器。图 3-7 中其他四种指向形图形的传声器多可在 XY 拾音制式中使用，若如图 5-2 传声器系统的传声器偏移角度 $\upsilon$ 是 45°，使用这四种传声器时 $\varphi$ 的变化如下表。

表 5-1 中，心形、超心形、锐心形、8 字形传声器的 $M_0$ 角度依次减少，在传声器系统的传声器偏移角度 $\upsilon$ 不变的情况下，$\varphi$ 角度也依次较少。这证明了在 XY 拾音制式中，若需要调整有效拾音角度 $\varphi$，调换不同指向特性的传声器是方法之一。图 5-4 用图形进一步描述了由于传声器指向特性的变化所导致有效拾音范围角度的变化。图中的立体声传声器系统的传声器偏移角度均为 45°（即主轴张开角度均为 90°）。

表 5-1　几种传声器 $M_0$ 和 $\varphi$ 对照表（$\upsilon$=45°）

| 传声器指向特性 | 心形 | 超心形 | 锐心形 | 8 字形 |
|---|---|---|---|---|
| $M_0$ | 180° | ± 125° | ± 109.5° | ± 90° |
| $\varphi$ | ± 135° | ± 80° | ± 64.5° | ± 45° |

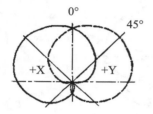

使用心形指向特性传声器

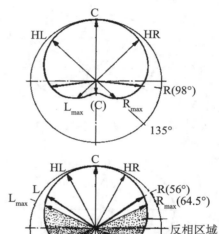

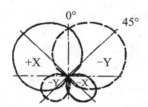

使用锐心形指向特性传声器

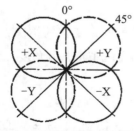

使用8字形指向特性传声器

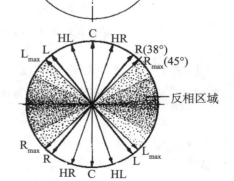

图 5-4　三种传声器有效拾音角度比较

2. 传声器主轴张开角度

由公式 5-1 可得出结论：在 XY 拾音制式中，若选定了某种传声器指向特性，即 $M_0$

固定不变的情况下，主轴张开角度 α 越大，有效拾音角度越小；反之则主轴张开角度 α 越小，有效拾音角度越大。图 5-4 用图形进一步描述了由于主轴张开角度的变化所导致有效拾音范围角度的变化。图中的立体声传声器系统的传声器均为心形指向特性传声器。

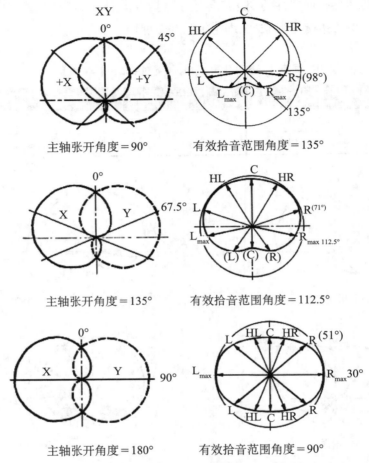

主轴张开角度＝90°      有效拾音范围角度＝135°

主轴张开角度＝135°      有效拾音范围角度＝112.5°

主轴张开角度＝180°      有效拾音范围角度＝90°

图 5-5   主轴张开角度 α 的变化导致有效拾音角度 φ 变化的比较

     图 5-4 描述了主轴张开角度 α 的变化导致有效拾音角度 φ 变化的情况，证明了在 XY 拾音制式中，若需要调整有效拾音角度 φ，调整传声器系统主轴张开角度 α 是另一种方法。

     我们在标注 φ 角度时，经常使用 ± 符号，说明在 XY 拾音制式中，无论声源围绕传声器系统做顺时针（＋）还是逆时针（－）移动，都将在 φ 处得到 ΔL＝∞，即 ＋φ 和 －φ，两个角度永远是相等的，所以常用 ±φ 表示。显然，在 XY 拾音制式中，在 $\theta_s$ 从 0° 到 ±φ 区域内，拾取的强度差 ΔL 从 0 到 ∞，该区域的拾音是符合立体声原理的有效区域，该区域被称为 XY 拾音制式的有效拾音范围，即 2φ。在图 5-2 中，2φ＝270°。

     在 5.1.1 节的最后我们提到，$\theta_s$ 在 ±135°→180° 之间，由于随着 $\theta_s$ 角度的增加，ΔL

随之减少，立体声重放的声像定位移动方向同声源的移动方向相反，有悖于立体声原理。我们录音时，不能将乐器摆放在这个区域，这个区域称为非工作区域，也可将这个区域称为无效拾音范围。称其为无效拾音范围的另一个原因是由于传声器的指向特性决定了在这个区域内拾取的声音信号电平很低，无法使用。通过计算在这个区域的传声器指向性系数和输出电平值，我们可以清楚地认识这个问题（参考图5-3）。

　　但是，在XY拾音制式中，使用8字形传声器是一个例外。8字形传声器是典型的压差式传声器，传声器振膜的两面都暴露在声场中，对声音具有同样的接受能力，只是声音信号的相位相反（参考图5-4）。在使用8字形传声器组成的XY拾音制式中，在传声器系统的正面有一个有效拾音范围，在传声器系统的背面还有一个有效拾音范围。两个有效拾音范围拾取的声音信号电平大小完全相等，都可以使用，但方向相反，这一点在使用中要尤其注意。在用8字形传声器组成的XY拾音制式的录音中，可以在传声器系统的正面和背面都布置声源，在立体声重放时，X传声器振膜前方和后方所拾取到的信号叠加，输出为左声道信号；Y传声器振膜前方和后方所拾取到的信号叠加，输出为右声道信号（参照图5-4）。正因为在强度差拾音方法中用8字形传声器组成传声器系统这一与众不同的特点，西方许多录音师认为该传声器设置不属于XY拾音制式，称它为"Blumlein拾音制式"。

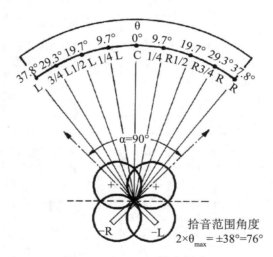

图 5-6　Blumlein 拾音制式

## 5.1.3　XY 拾音制式的拾音范围

　　在4.1.4节中，我们对拾音范围的解释是：立体声传声器系统拾取的全部声信号能在立体声重放系统中正确声像定位的声源范围。这一概念同样适用于XY拾音制式。

　　在5.1.2节中，我们对XY拾音制式的有效拾音范围的解释是：在$\theta_s$从0°到$\pm\varphi$区域内，拾取的强度差ΔL从0到∞。有效拾音范围的"有效"是从"立体声重放的声像定位移动方向同声源的移动方向一致，符合立体声原理"这一意义上界定的。在2.2.4一节中我们曾讨论过，当ΔL=0时，声像定位在两扬声器连线的中点C上。随着ΔL的增加，声像向强度高的扬声器偏移。当ΔL在15→25dB之间，声像就定位在强度高的扬声器一侧上。在实践中，一般采用ΔL=18dB作为满足声像定位在扬声器一侧的强度差值。那么，ΔL从0→18dB这个范围是XY拾音制式的拾音范围。拾音范围和有效拾音范围两个概念不仅不矛盾，而且两个概念的综合才完整地描述了XY拾音制式中ΔL对立体声重放声像定位的影响。拾音范围角度用$\theta_{max}$(同AB拾音制式)表示，拾音范围即$2\theta_{max}$。显然，拾音范围角度$\theta_{max}$小于有效拾音范围角度$\varphi$，有效拾音范围角度$\varphi$包含了拾音范围角度$\theta_{max}$。

表5-2　有效拾音范围和拾音范围的角度和强度差值对照表

|  | 角度 | 强度差值 |
|---|---|---|
| 有效拾音范围 | $0 \to \theta_{max} \to \varphi$ | $\Delta L_0 \to 18dB \to \infty$ |
| 拾音范围 | $0 \to \theta_{max}$ | $\Delta L_0 \to 18dB$ |

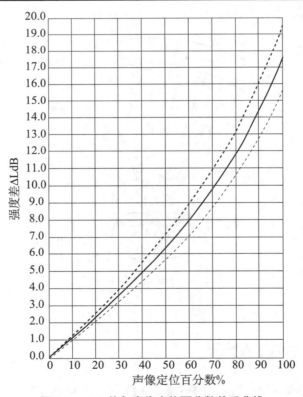

图5-7　ΔL值与声像定位百分数关系曲线

表 5-3　ΔL 值与主要声像定位点对应数据

| 主要声像定位点 | C | 1/4 | 1/2 | 3/4 | L 或 R |
|---|---|---|---|---|---|
| 声像定位百分数 % | 0 | 25 | 50 | 75 | 100 |
| 强度差 ΔL（dB） | 0 | 3 | 6.5 | 11 | 18 |

图 5-7 是 ΔL 值与声像定位百分数关系曲线，是实验数据。图像在坐标轴内关于圆点对称，表 5-3 中列出了 ΔL 值与主要声像定位点对应数据，其间分布的其余各点可用数值分析方法进行概率估算。表 5-4 是 ΔL 值与声像定位百分数的对应值，利用表 5-4 就可以根据计算的 ΔL 值查到相应的声像定位百分数。

表 5-4　ΔL 值与声像定位百分数对应值

| % | ΔL（dB） | % | ΔL（dB） | % | ΔL（dB） | % | ΔL（dB） | % | ΔL（dB） |
|---|---|---|---|---|---|---|---|---|---|
| 1 | 0.12 | 21 | 2.53 | 41 | 5.15 | 61 | 8.33 | 81 | 12.29 |
| 2 | 0.24 | 22 | 2.66 | 42 | 5.30 | 62 | 8.51 | 82 | 12.53 |
| 3 | 0.36 | 23 | 2.79 | 43 | 5.45 | 63 | 8.69 | 83 | 12.77 |
| 4 | 0.48 | 24 | 2.92 | 44 | 5.60 | 64 | 8.87 | 84 | 13.01 |
| 5 | 0.60 | 25 | 3.05 | 45 | 5.75 | 65 | 9.05 | 85 | 13.25 |
| 6 | 0.72 | 26 | 3.18 | 46 | 5.90 | 66 | 9.24 | 86 | 13.54 |
| 7 | 0.84 | 27 | 3.31 | 47 | 6.05 | 67 | 9.43 | 87 | 13.83 |
| 8 | 0.96 | 28 | 3.44 | 48 | 6.20 | 68 | 9.62 | 88 | 14.02 |
| 9 | 1.08 | 29 | 3.57 | 49 | 6.35 | 69 | 9.81 | 89 | 14.41 |
| 10 | 1.20 | 30 | 3.70 | 50 | 6.50 | 70 | 10.00 | 90 | 14.70 |
| 11 | 1.32 | 31 | 3.83 | 51 | 6.66 | 71 | 10.20 | 91 | 15.02 |
| 12 | 1.44 | 32 | 3.96 | 52 | 6.82 | 72 | 10.40 | 92 | 15.34 |
| 13 | 1.56 | 33 | 4.09 | 53 | 6.98 | 73 | 10.60 | 93 | 15.66 |
| 14 | 1.68 | 34 | 4.22 | 54 | 7.14 | 74 | 10.80 | 94 | 15.98 |
| 15 | 1.80 | 35 | 4.32 | 55 | 7.30 | 75 | 11.00 | 95 | 16.30 |
| 16 | 1.92 | 36 | 4.48 | 56 | 7.47 | 76 | 11.21 | 96 | 16.64 |
| 17 | 2.04 | 37 | 4.61 | 57 | 7.64 | 77 | 11.42 | 97 | 16.98 |
| 18 | 2.16 | 38 | 4.74 | 58 | 7.81 | 78 | 11.63 | 98 | 17.32 |
| 19 | 2.28 | 39 | 4.87 | 59 | 7.98 | 79 | 11.84 | 99 | 17.66 |
| 20 | 2.40 | 40 | 5.00 | 60 | 8.15 | 80 | 12.05 | 100 | 18.00 |

表 5-2、图 5-5 和表 5-3 从不同侧面阐明了一个问题。在 XY 拾音制式中，声道间信号 ΔL 从 0 到 18dB 的变化，完成了立体声重放声像从 0% 到 100% 的定位，是声信号的

"正确"定位。$\Delta L$ 从 18dB 到 $\infty$ 的变化在重放中体现不出来，在这个范围内的声像都停留在扬声器那一点上，从某种意义说，这是"不正确"的声像定位。

那么，当我们在 XY 拾音制式中选定了传声器的指向特性和传声器系统的主轴展开角度，如何确定传声器的拾音角度，即如何确定 $\Delta L$=18dB 的角度呢？

我们知道：

$$\Delta L=20\lg X/Y（dB）\qquad\qquad 公式 5\text{-}2$$

式中：X = X 传声器的指向性系数

　　　Y = Y 传声器的指向性系数

我们以图 5-2XY 拾音制式示意图为例。在图 5-2 中使用两个心形指向特性传声器组成的 XY 拾音制式，心形指向特性传声器的指向性系数是：

$$S(\theta)=0.5+0.5\cos\theta$$

公式中 $\theta$ 为传声器的声源入射角度。由于图 5-2XY 拾音制式中的 X 和 Y 两个传声器设置形成了主轴展开角度 $\alpha$（即 $2\upsilon$），所以，两个传声器各自的声源入射角度和 XY 拾音制式中传声器系统的声源入射角度就不同，我们用 $\theta_s$ 表示 XY 拾音制式中传声器系统的声源入射角度。那么，我们在计算 X 和 Y 两个传声器各自的指向性系数时就要加入由于不同的传声器系统主轴张开角度和传声器系统声源入射角度的修正值。那么，计算 X 和 Y 两个传声器各自的指向性系数的公式就由上式演化成：

$$X=0.5+0.5\cos(\frac{\alpha}{2}+\theta_s)\qquad\qquad 公式 5\text{-}3$$

$$Y=0.5+0.5\cos(\frac{\alpha}{2}-\theta_s)\qquad\qquad 公式 5\text{-}4$$

式中 $\frac{\alpha}{2}$（主轴张开角度的一半）即 $\upsilon$（传声器偏移角度）

现在，我们以图 5-2XY 拾音制式为例，用公式 5-2、5-3 和 5-4 计算当传声器系统声源入射角度 $\theta_s$ 为 98° 时的 $\Delta L$。在图 5-2XY 拾音制式中 $\alpha/2$ 是 45°。所以：

X  =0.5+0.5cos（45°+98°）

　　=0.5+0.5cos143°

　　=0.5+0.5·（-0.7986）

　　=0.5-0.3993

　　=0.1007

Y  =0.5+0.5cos（45°-98°）

　　=0.5+0.5cos（-53°）

　　=0.5+0.5cos53° (cos ± θ 的值相同）

　　=0.5+0.5cos·0.6018

=0.8009

$$\Delta L = 20 \lg \frac{0.1007}{0.8009}$$

=-18.01dB

为了说明问题，我们还以图 5-2XY 拾音制式为例，用公式 5-2、5-3 和 5-4 计算当传声器系统声源入射角度为 262° 时的 ΔL。

X　=0.5+0.5cos（45°+262°）

=0.5+0.5cos307°

=0.5+0.5・0.6018

=0.5+0.3009

=0.8009

Y　=0.5+0.5cos（45°-262°）

=0.5+0.5cos（-217°）

=0.5+0.5cos217°(cos±θ 的值相同）

=0.5+0.5・（-0.7986）

=0.5-0.3993

=0.1007

$$\Delta L = 20 \lg \frac{0.8009}{0.1007}$$

=18.01dB

以上的计算说明，在 XY 拾音制式中计算的 ΔL 值为负值表示 X 传声器拾取的信号小于 Y 传声器拾取的信号，且立体声重放中声像向右偏转；计算的 ΔL 值为正值表示 X 传声器拾取的信号大于 Y 传声器拾取的信号，且立体声重放中声像向左偏转。只要我们将声源入射角度 $\theta_s$ 代入公式 5-3 和 5-4，就可根据公式 5-2 计算出该声源的 ΔL，再查表 5-4 即可得到声像定位百分数。

从以上的计算我们还可以得出结论：当传声器系统声源入射角度 $\theta_s$ 为 ±98° 时的 ΔL 是 18dB，在此角度上拾取的声音信号在立体声重放时声像定位百分数为 100%，也就是说，图 5-2XY 拾音制式的拾音范围角度是 ±98°。显然，从 ±98° 到 ±135° 之间的声源拾取的 ΔL 将大于 18dB，在立体声重放中声像定位百分数也是 100%，即声像停留在扬声器上，如果在这个区域的声音信号较多，也会产生类似 AB 拾音制式中的"中间空洞"现象。所以说，"中间空洞"现象不是 AB 拾音制式特有的，在所有拾音制式中，当乐队宽度与立体声拾音系统形成的角度大于拾音范围角度时，都会产生"中间空洞"现象，这一点必须注意。

需要说明一点，上述计算的 $\theta_s$= ±98° 的这一点，也就是 $\theta_{max}$(参照 4.1.4 "拾音范围"）。

我们当然希望像在 AB 拾音制式公式 4-10 中将 1.5ms 代入公式方便地计算出 $\theta_{max}$(拾音范围)那样，将 18dB 也带入某一个公式来方便地计算出 XY 拾音制式的 $\theta_{max}$。很遗憾，这是一个比较复杂的数学问题，用这个公式计算十分麻烦，我们往往根据经验将某一个角度代入公式 5-2、5-3 和 5-4，若计算的结果与 18dB 有差距，再调整代入的角度，直到求出 $\theta_{max}$ 的角度，看似麻烦，实际计算反而简单。

我们知道，XY 拾音制式可以使用任何指向特性的传声器组成立体声传声器系统。那么，公式 5-3 和 5-4 就要根据求不同的指向特性 $S(\theta)$ 的公式（参照公式 1-3 到公式 1-8）。

如果在 XY 拾音制式中使用锐心形传声器，那么公式 5-3 和 5-4 演化为：

$$X=0.25+0.75\cos\left(\frac{\alpha}{2}+\theta_s\right) \qquad 公式\ 5\text{-}5$$

$$Y=0.25+0.75\cos\left(\frac{\alpha}{2}-\theta_s\right) \qquad 公式\ 5\text{-}6$$

如果在 XY 拾音制式中使用超心形传声器，那么公式 5-3 和 5-4 演化为：

$$X=0.366+0.633\cos\left(\frac{\alpha}{2}+\theta_s\right) \qquad 公式\ 5\text{-}7$$

$$Y=0.366+0.633\cos\left(\frac{\alpha}{2}-\theta_s\right) \qquad 公式\ 5\text{-}8$$

如果在 XY 拾音制式中使用 8 字形传声器，那么公式 5-3 和 5-4 演化为：

$$X=\cos\left(\frac{\alpha}{2}+\theta_s\right) \qquad 公式\ 5\text{-}9$$

$$Y=\cos\left(\frac{\alpha}{2}-\theta_s\right) \qquad 公式\ 5\text{-}10$$

那么，如果在 XY 拾音制式中使用扁圆形传声器，公式 5-3 和 5-4 按道理应该演化为：

$$X=0.75+0.25\cos\left(\frac{\alpha}{2}+\theta_s\right) \qquad 公式\ 5\text{-}11$$

$$Y=0.75+0.25\cos\left(\frac{\alpha}{2}-\theta_s\right) \qquad 公式\ 5\text{-}12$$

可以想象，如果在 XY 拾音制式中使用扁圆形传声器，那么主轴张开角度为 180° 时，我们在 $\theta_s$ 为 ±90° 点上得到用扁圆形传声器能使 XY 拾音制式得到的最大的 $\Delta L$。用公式 5-11、2-12 和 5-2 计算，得 $\Delta L=6dB$。可见，在立体声重放中将是不完全的声像定位（声像定位百分数仅为 47%）。显然，我们讲"在 XY 拾音制式中可以使用任何指向特性传声器"是不包括扁圆形传声器的。

显而易见，如果在 XY 拾音制式中使全方向特性传声器，从理论上讲，无论传声器系统如何设置，在任何角度上都不可能得到声道间的 ΔL，这就是在 XY 拾音制式中不能使用全方向特性传声器的原因。

我们在 5.1.2 "XY 拾音制式传声器系统有效拾音范围角度" 中讲到影响 XY 拾音制式有效拾音范围角度的因素有两个。因为 "有效拾音范围角度" 中包含了 "拾音范围角度"，所以，影响 XY 拾音制式拾音范围角度的因素同有效拾音范围角度一样。

1. 传声器指向特性

传声器的 $M_0$ 角度依心形、超心形、锐心形、8 字形依次减少，也可以说，传声器的指向特性依次尖锐。那么，传声器的指向特性越尖锐，XY 拾音制式的拾音范围角度越小，反之传声器的指向特性越平缓，XY 拾音制式的拾音范围角度越大。

2. 传声器偏移角度

在 XY 拾音制式中，若选定了某种传声器指向特性，主轴张开角度 α 越大，有效拾音角度越小。

## 5.1.4　XY 拾音制式的特点和使用

与 AB 拾音制式相比较，XY 拾音制式最大的优点是声像定位准确。关于强度差拾音方法的特点将在 5.3 中讨论。

下图为几款用于 XY 拾音制式的传声器。

图 5-8　使用托架固定的 XY 拾音制式

图 5-9　可直接用于 XY 拾音
制式的立体声传声器

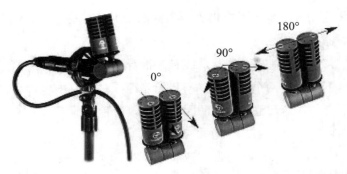

图 5-10  新款的 XY 拾音装置，一连动齿轮使两个传声器同时调整主轴张开角度

## 5.2  MS 拾音制式

MS 拾音制式是强度差拾音方法中另一种拾音制式。MS 拾音制式的传声器设置是用两个传声器置于声场中的一个点，其中一个可用任何指向特性的传声器，正对声场中线，即 $\theta_s$=0° 方向，称为 M 传声器；另一个必须用 8 字形指向特性的传声器，这个传声器横向放置，对着声场左侧，即 $\theta_s$=-90° 方向，称为 S 传声器。图 5-11 是 M 传声器使用心形指向特性传声器的示意图。

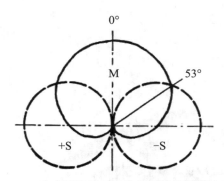

图 5-11  M 传声器使用心形指向特性传声器的示意图

MS 拾音制式两个传声器的字母 M 和 S 是英语单词的首字母，它具有双重含义。其一，字母描述了传声器接收声音的方向，显然，M 传声器接收的是声源中间 (middle) 的声音；而 S 传声器接收的是两侧 (side) 的声音。其二，含义涉及 MS 拾音制式的拾音原理，我们可以将 M 传声器拾取的信号理解为是单声道 (mono) 信号，若对 MS 拾音制式的录音节目源做单声道重放，只重放 M 传声器拾取的信号就可以了；而 M 传声器拾取的信号可以理解为是立体声 (stereo) 的声音方位信息，将 S 信号加载到 M 信号上，就得到完整的立体声声音信号。我们也可以将 S 信号理解为是声音信号的本身，而 S 信号是立体声编码信号。

关于这一点，理解起来有一定的困难，随着讨论的深入，会逐渐清楚。

　　我们知道，强度差拾音方法是利用声道间的ΔL完成立体声重放的声像定位。XY拾音制式的两个传声器拾取的声音信号直接记录在录音机的L、R声道，也就是说，XY拾音制式的声道间ΔL是用两个传声器直接拾取的。而MS拾音制式的ΔL不是用两个传声器直接拾取的，是将两个传声器拾取的信号经过加减器处理后生成的。MS拾音制式拾音原理是利用8字形传声器的反向特性拾取声源右边的声音。我们规定，8字形传声器，即S传声器左边的声音信号为正，右边的声音信号为负；M传声器拾取的声音信号为正。在两个传声器的输出端，通过加减器生成L和R信号。

## 5.2.1　MS拾音制式的加减器

　　MS拾音制式的是通过一定的电路对M信号和S信号进行相加和相减的运算来实现的，这个运算实际就是对M信号和S信号进行不同的处理，这个电路就称为加减器。

　　图5-9就是一种加减器的电路图，它实际是矩阵变压器。矩阵变压器的初级绕组为M传声器和S传声器的输入端。矩阵变压器的两个次级绕组同相串联组成加法器；两个次级绕组反相串联组成加法器。

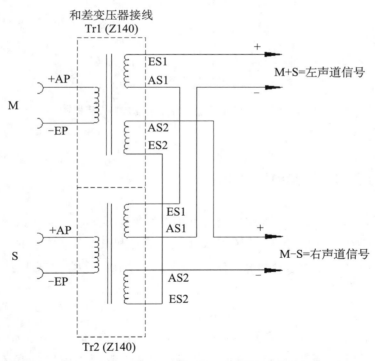

图 5-12　MS拾音制式使用矩阵变压器做加减器电路图

　　图5-10是MS拾音制式的另一种，也是被普遍采用的加减器。这种加减器利用调音

台上的三个通道组成的。录音时，将 M 传声器拾取的声音信号送入调音台的一条通道，将 S 传声器拾取的声音信号用一进二出的音频分配器取出两个相同的 S 信号，分别送入调音台的另外两条通道，利用调音台通道上的相位开关将其中一个 S 信号做相位 180 度的翻转，得到一个 -S 信号。再配合使用 Pan Pot 和编组输出母线生成 L（左）和 R（右）信号。当然，也可采用在一进二出的音频分配器内部将其中一个 S 信号线的热端（hot）和冷端 (cold) 对调得到 -S 信号，这样就不必在调音台上做相位处理。还有一些调音台在设计上就提供了内置的、用于 MS 拾音制式的音频分配器和相位处理电路，录音师不必劳神就可根据需要在输出端得到 M 信号和 S 信号，或者 L（左）信号和 R（右）信号。

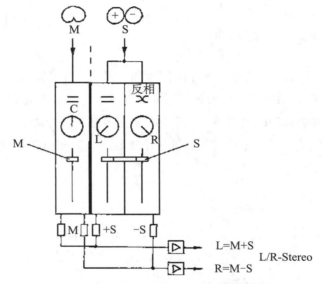

图 5-13　使用调音台的三个通道做加减器电路图

## 5.2.2　MS 拾音制式拾音和重放原理

在 5.2.1 中，我们了解了 MS 拾音制式的加减器的工作原理。现在，我们还是从数学的角度讨论 M 信号和 S 信号是如何生成 L（左）信号和 R（右）信号的。我们可以将由于使用了加减器，L（左）信号和 R（右）信号的生成用以下数学公式表达：

$$L=M+S \qquad\qquad 公式 5-13$$
$$R=M-S \qquad\qquad 公式 5-14$$

公式 5-13 和公式 5-14 表述了 L 和 R 声道信号的内容构成。L 声道信号是 M 信号加上 S 信号，也称"和信号"；声道信号是 M 信号减去 S 信号（实际是与 S 信号的反相相加），也称"差信号"。

为了说明问题，我们以图 5-14 中①→⑦各点为例，讨论随着声源入射角度 $\theta_s$ 的变化，

MS 拾音制式的拾音原理和立体声的重放原理。

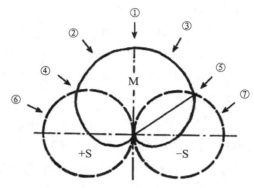

图 5-14 MS 拾音制式拾音原理

①当 $\theta_s$=0° 时，M 传声器的指向性系数 S($\theta$)=1，M 传声器输出信号为最大值；而 S 传声器的指向性系数 S($\theta$)=0，从理论上讲，S 传声器没有输出信号。根据公式 5-13 和公式 5-14 得到：

$$L=M+S=1+0=1$$
$$R=M-S=1-0=1$$

可见，经过加减器生成的 L 信号和 R 信号同样大小，声道间信号没有强度差Δ L，即立体声重放时，声像定位在两扬声器中间，使声像还原。

②当声源逆时针偏转，此时 M 传声器拾取的信号相对①点减小，即 M 传声器的指向性系数 S($\theta$)<1；而 S 传声器拾取的信号相对①点增加，即 S 传声器的指向性系数 S($\theta$)>0。我们假定此时 M 传声器的 S($\theta$)=0.8，S 传声器的 S($\theta$)=0.4。那么：

$$L=M+S=0.8+0.4=1.2$$
$$R=M-S=0.8-0.4=0.4$$

显然，此时 L 信号和 R 信号大小不同，声道间出现了强度差Δ L，且 L 声道信号大于 R 声道信号，在立体声重放时，声像定位向左偏移。

③当声源顺时针偏转，此时 M 传声器拾取的信号相对①点减小，即 M 传声器的指向性系数 S($\theta$)<1；而 S 传声器拾取的信号相对①点增加，即 S 传声器的指向性系数 S($\theta$)> 0。我们假定此时 M 传声器的 S($\theta$)=0.8，S 传声器的 S($\theta$)=0.4，情况似乎与②相同。但是我们不应忘记，此时 S 传声器工作在信号为"负"的区域，即 S($\theta$)=-0.4。那么：

$$L=M+S=0.8-0.4=0.4$$
$$R=M-S=0.8+0.4=1.2$$

显然，此时 L 和 R 信号大小不同，声道间出现了强度差Δ L，且 L 声道信号小于 R 声道信号，在立体声重放时，声像定位向右偏移。

④若声源逆时针偏转到某一点，在这一点上 M 传声器和 S 传声器拾取的信号大小相

同（图 5-10 中 M 传声器和 S 传声器指向性图形相交的那一点），即 M=S。假如此时 M 传声器和 S 传声器的指向性系数 S(θ) 都是 0.5，那么

$$L=M+S=0.5+0.5=1$$
$$R=M-S=0.5-0.5=0$$

显然，此时右声道在理论上没有输出，声道间的强度差 ΔL 为无穷大，即 ∞。在立体声重放时，声像定位在左扬声器上。

⑤若声源顺时针偏转到某一点，在这一点上 M 传声器和 S 传声器拾取的信号大小相同（图 5-10 中 M 传声器和 S 传声器指向性图形相交的那一点），即 M=S。假如此时 M 传声器和 S 传声器的指向性系数 S(θ) 都是 0.5，当然 S 传声器的指向性系数 S(θ) 是 -0.5，那么：

$$L=M+S=0.5-0.5=0$$
$$R=M-S=0.5+0.5=1$$

显然，此时左声道在理论上没有输出，声道间的强度差 ΔL 也为无穷大，即 ∞。在立体声重放时，声像定位在右扬声器上。

⑥若声源在 M=S 这一点上逆时针继续偏转，显然，M 传声器拾取的信号将小于 S 传声器，即 M＜S。我们假定此时 M 传声器的 S(θ)=0.4，S 传声器的 S(θ)=0.8。那么：

$$L=M+S=0.4+0.8=1.2$$
$$R=M-S=0.4-0.8=-0.4$$

此时，左、右声道信号出现反相。

⑦若声源在 M=S 这一点上顺时针继续偏转，显然，M 传声器拾取的信号也将小于 S 传声器，即 M<S。我们假定此时 M 传声器的 S(θ)=0.4，S 传声器的 S(θ)=0.8，且为 -0.8。那么：

$$L=M+S=0.4-0.8=-0.4$$
$$R=M-S=0.4+0.8=1.2$$

此时，左、右声道信号也出现反相。

我们分析一下以上①→⑦各点 MS 拾音制式的工作情况，以便进一步理解该拾音制式拾音和立体声重放原理。

当声源 $\theta_s$ 在①点上，经加减器生成的左、右声道信号大小相同，显然 ΔL 为 0，在立体声重放中，声像定位在两扬声器连线的中点。当声源 $\theta_s$ 从①→②→④逆时针偏移角度逐渐增大时，生成的强度差 ΔL 也逐渐增大，在④点上，ΔL 达到最大值，为无穷大 ∞，在立体声重放中，声像定位在左扬声器上。而当声源 $\theta_s$ 从①→③→⑤顺时针偏移角度逐渐增大时，生成的强度差 ΔL 也逐渐增大，在⑤点上，ΔL 达到最大值，为无穷大 ∞，在立体声重放中，声像定位在右扬声器上。我们知道，强度差拾音方法是依靠两个传声器的指向特性和放置角度使拾取的声音信号产生声道间的强度差（如 XY 拾音制式），或将两

个传声器拾取的声音信号经过技术处理生成声道间的强度差（如 MS 拾音制式），并利用强度差完成立体声重放声像定位的拾音方法。就其立体声重放声像定位的本原是声道间的强度差 $\Delta L$，在 XY 拾音制式中，$\Delta L$ 是利用两个传声器直接拾取的，而在 MS 拾音制式中，$\Delta L$ 是将两个传声器拾取的声音信号经过和差转换生成的。那么，在图 5-10 中①→②→④和①→③→⑤的过程本原是 $\Delta L$ 从 $0 \to \infty$ 的过程，但引起这个过程的实际是 S 信号和 M 信号的比例，即 S/M。我们还要用传声器指向性系数来解释这个问题。在①点上，S 传声器的指向性系数为 0，M 传声器的指向性系数为 1，显然 S/M 比例是 0。在声源 $\theta_s$ 开始偏离①→②→接近④和 $\theta_s$ 开始偏离①→③→接近⑤的过程中，S 传声器的指向性系数一直小于 M 传声器的指向性系数，即 S<M，且 S/M 比例小于 1。在④和⑤这点上，S 传声器和 M 传声器的指向性图形相交，S 传声器的指向性系数和 M 传声器的指向性系数相等，即 S=M，且 S/M=1。所以说，①→②→④和①→③→⑤的过程原是 $\Delta L 0 \to \infty$ 的过程，引起这个过程的是 S/M=0 $\to$ S/M=1 的过程。在图 5-10 中，若声源 $\theta_s$ 从④点开始继续逆时针偏转，或者从④点开始继续顺时针偏转，在讨论⑥点和⑦点时，我们得知生成的左、右声道信号也出现反相。在 2.2.1 中已提到"在立体声重放系统中，左、右声道信号不允许出现反相成分"，所以，声源 $\theta_s$ 从④点开始继续逆时针偏转，或者从⑤点开始继续顺时针偏转得到的信号是不能使用的，即角度大于④点和⑤点的区域是录音的非工作区域。而角度小于④点和⑤点的区域（从这个意义上，可以理解为）是录音的工作区域。

## 5.2.3　MS 拾音制式的有效拾音范围

在上节中我们讨论过，$\theta_s$ 从④点开始继续逆时针偏转，或者从⑤点开始继续顺时针偏转得到的信号是不能使用的，即角度大于④点和⑤点的区域是录音的非工作区域，而角度小于④点和⑤点的区域（从这个意义上，可以理解为）是录音的工作区域。那么，在④和⑤点，即 S/M=1 那一点的角度就是 MS 拾音制式的"有效拾音范围角度"。关于"有效拾音范围角度"的概念同 XY 拾音制式，不再赘述。

如何计算 MS 拾音制式的有效拾音范围角度，即 S/M=1 的角度呢？为了解释这个问题，我们先讨论一下 MS 拾音制式的一个特有现象。我们知道，在用 AB 和 XY 拾音制式录音时，调音台上的左和右通道的音量电位器应该调整到同样位置，以保证我们得到的信号中除了包含传声器拾取的决定立体声重放声像定位的正常时间差、强度差信息外，不会产生由于调音台音量电位器设置的不一致而额外加入的电平差，从而导致左、右通道不一致，最终导致声像定位的不准确（前提条件是两个传声器的灵敏度一致、调音台上的口子电平等一切设置一致）。而 MS 拾音制式则不同，调音台上 M 通道与 S 通道音量电位器设置得是否一致不会改变输出左声道和右声道的一致性，只能改变 S/M，即改变 S 信号和 M 信号的比例关系（当然，+S 和 -S 通道的设置必须一致，否则，由于和差转换的不一致，导致左、右通道不一致，最终也会影响声像定位的不准确）。而这种在调音台上 S/M 比例的改变，恰恰是 MS 拾音制式的特点和优点之一。

我们假定 MS 拾音制式中使用的 M 传声器和 S 传声器的灵敏度是一样的，如上所述，我们将由于声源 $\theta_s$ 左右运动导致的 S 和 M 比例变化称为 S/M；将由于 M 传声器和 S 传声器灵敏度的不同，或在调音台上对 S 通道和 M 通道音量电位器设置不同导致的 S 和 M 比例变化称为 $S_{max}/M_{max}$。显然，M 传声器和 S 传声器灵敏度相同，或在调音台上对 S 通道和 M 通道音量电位器设置相同的情况下，

$$\frac{S_{max}}{M_{max}} = 1$$

现在，我们讨论如何计算 MS 拾音制式的有效拾音范围角度。

①使用心形指向特性传声器做 M 传声器时（参照图 5-11）：

在上述对④和⑤点的讨论中，我们知道，S/M=1，既 M=S 的角度就是 MS 拾音制式的有效拾音范围角度，显然是两个传声器指向性图形相交的那一点。根据计算传声器指向性系数的公式，M=S 为：

$$0.5+0.5\cos\varphi = \frac{S_{max}}{M_{max}} \cos(90°+\varphi) \qquad \text{公式 5-15}$$

公式中 $\varphi$= 有效拾音范围角度

公式 5-15 的等式左边为心形指向特性传声器（M 传声器）的指向性系数；等式右边为 8 字形指向特性传声器（S 传声器）横置放置，即逆时针旋转 90° 的灵敏度。公式中 $S_{max}/M_{max}=1$，即 M 传声器和 S 传声器灵敏度相同，或在调音台上对 S 通道和 M 通道音量电位器设置相同。

公式 5-15 可演化成：

$$1+ \frac{\cos\varphi}{2} = \frac{S_{max}}{M_{max}} \sin\varphi \qquad \text{公式 5-16}$$

$$\varphi=2\arctan \frac{M_{max}}{2S_{max}} \qquad \text{公式 5-17}$$

求公式 5-17

$$\varphi=53°$$

那么，使用心形指向特性传声器做 M 传声器时，"有效拾音范围角度"为 53°。如果我们需要改变这个有效拾音范围角度，只要改变 $S_{max}/M_{max}$ 就可得到任意的角度。

如图 5-12，我们在调音台上将 M 传声器的灵敏度调整为 S 传声器的一半，即：

$$\frac{S_{max}}{M_{max}} = \frac{1}{0.5}$$

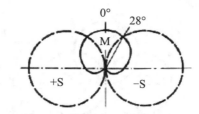

图 5-15　M 传声器的灵敏度为 S 传声器的 1/2

那么，将 $\dfrac{S_{max}}{M_{max}} = \dfrac{1}{0.5}$ 代入公式 5-17，得：

$$\varphi = 2\arctan\dfrac{M_{max}}{2S_{max}}$$

$$= 2\arctan\dfrac{1}{4}$$

$$= 28°$$

如图 5-13，我们在调音台上将 S 传声器的灵敏度调整为 M 传声器的一半，即：

$$\dfrac{S_{max}}{M_{max}} = \dfrac{0.5}{1}$$

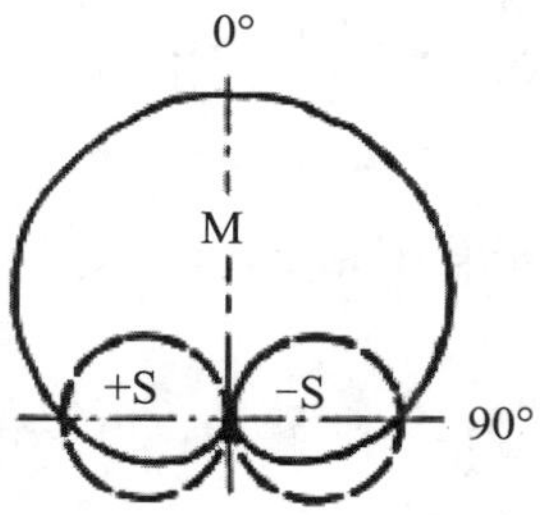

图 5-16　M 传声器的灵敏度为 S 传声器的 2 倍

那么，将 $\dfrac{S_{max}}{M_{max}} = \dfrac{0.5}{1}$ 代入公式 5-17，得：

$$\varphi = 2\arctan\dfrac{M_{max}}{2S_{max}}$$

$$= 2\arctan 1$$

$$= 90°$$

从公式 5-17、公式 5-18、公式 5-19 中可以清楚地看出，只要改变了 $S_{max}/M_{max}$ 的比例关系，我们就可根据需要得到任意的有效拾音范围角度，这一点在现场录音中十分有用。

②使用 8 字形指向特性传声器做 M 传声器时：

$$\varphi = \arctan\dfrac{M_{max}}{S_{max}} \qquad\qquad 公式\ 5\text{-}18$$

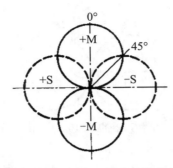

图 5-17　M 传声器使用 8 字形指向特性传声器的示意图

③使用全方向特性传声器做 M 传声器时：

$$\varphi=\arcsin\frac{M_{max}}{S_{max}}$$ 公式 5-19

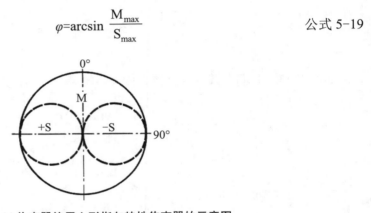

图 5-18　M 传声器使用心形指向特性传声器的示意图

分析公式 5-16、5-17、5-18、5-19 和 5-20，可以得出结论：影响 MS 拾音制式"有效拾音范围角度"的因素有两个：

1. $S_{max}/M_{max}$ 比例。分析公式 5-16、5-17 和 5-18 可以看出，$S_{max}/M_{max}$ 的比例越小（S 传声器的信号越小），有效拾音范围角度越大，反之则 $S_{max}/M_{max}$ 的比例越大（S 传声器的信号越大），有效拾音范围角度越小。

2. M 传声器指向特性。分析公式 5-16、5-19 和 5-20 可以看出，M 传声器指向特性越向全方向特性靠近（全方向→心形→8 字形），有效拾音范围角度越大，反之则 M 传声器指向特性越向 8 字形特性靠近（8 字形→心形→全方向），有效拾音范围角度越小。

## 5.2.4　MS 拾音制式的拾音范围

我们在讨论 XY 和 MS 拾音制式问题时引入"有效拾音范围角度"的目的是为了更清楚地解释这些拾音制式的拾音原理和立体声重放原理。录音时，在等于或小于有效拾音范围角度内拾取的声音信号是符合立体声原理的，即随着声源入射角度的增加，声道间信号

ΔL 也增加，而在大于有效拾音范围角度外拾取的声音信号是有悖于立体声原理的。但是我们也清楚，在有效拾音范围角度那一点上拾取的声音声道间信号 ΔL= ∞，可在强度差拾音方法中，声道间信号 ΔL=18dB 就在立体声重放中达到 100% 的声像定位，这一点的角度就是拾音范围角度，显然，拾音范围角度小于有效拾音范围角度。事实上，在录音实践中，我们真正关心的是拾音范围的角度，只有在拾音范围角度内拾取的全部声信号才能在立体声重放系统中正确声像定位。

那么，如何计算 MS 拾音制式的拾音范围角度呢？为了解释这个问题，我们首先对 S 信号和 M 信号比例的概念做进一步的解释。在 5.2 节 MS 拾音制式的讨论中，我们曾使用过 S/M 和 $S_{max}/M_{max}$ 两个概念。这二者之间有密切的联系，但又有根本的区别。

$S_{max}/M_{max}$：$S_{max}/M_{max}$ 是指 S 信号和 M 信号最大值之间的比例关系。在 MS 拾音制式中，$S_{max}$ 信号可能大于 $M_{max}$ 信号，可能小于 $M_{max}$ 信号，也可能等于 $M_{max}$ 信号，这样便构成了不同的 $S_{max}/M_{max}$ 的比例关系。

我们有时是被动地接受 $S_{max}/M_{max}$ 的比例关系，如 S 传声器和 M 传声器的灵敏度不一致（这个差异一般忽略不计）；我们有时是主动地调整 $S_{max}/M_{max}$ 的比例关系，如选用不同的指向特性的传声器做 M 传声器和在调音台上设置不同的 M 通道和 S 通道的电平。但是，无论我们是被动地接受 $S_{max}/M_{max}$ 的比例关系，还是主动地调整 $S_{max}/M_{max}$ 的比例关系，其结果是一样的，即 $S_{max}/M_{max}$ 的比例关系确立了 MS 拾音制式的有效拾音范围角度和拾音范围角度，既确立了 MS 拾音制式的工作状态。参照图 5-15 到图 5-18，在这些图中，看到的似乎仅是由于传声器指向性图形的变化引起的 $S_{max}/M_{max}$ 比例的变化，这只是为了作图方便。事实上，几乎所有的传声器指向性图形的变化都不是调整传声器本身引起的（一般情况下也是不可能的），而是通过在调音台上对 M 通道和 S 通道电平进行不同的设置使 $S_{max}/M_{max}$ 的比例得以建立。

S/M：S/M 是指在 $S_{max}/M_{max}$ 确立了 MS 拾音制式的工作状态后，设某声源 $\theta_s$ 在某入射角度向立体声传声器系统辐射声能，由于 M 传声器和 S 传声器指向特性不同，在该角度两传声器拾取的声音信号电平必然不同而导致的 S 信号和 M 信号在该角度的比例关系。S/M 的比例关系决定生成的左、右声道间的 ΔL 值，即决定立体声重放中的声像定位。

也可以这样理解 $S_{max}/M_{max}$ 和 S/M 关系。$S_{max}/M_{max}$ 确立系统总的工作状态（系统的拾音范围角度），S/M 决定某一声源在立体声重放中的声像定位位置。

现在参照表 5-1 分析一下 S/M 的比例，生成的左、右声道间 ΔL 值和立体声重放中的声像定位之间的关系。

为了清楚地说明问题，表 5-5 中的 S/M 比例设 M 为 1。当 S/M 比例为 0 时，生成的声道间 ΔL 为 0，声像定位百分数为 0，立体声重放声像定位在中间。随着 S/M 比例的增加，生成的声道间 ΔL 增加，声像定位向左（右）扬声器偏移。当 S/M 比例为 1 时，ΔL 为 ∞，这一点就是有效拾音范围角度，即 $\varphi$。显然"拾音范围"角度（$\theta_{max}$）小于有效

表 5-5　S/M 比例、ΔL 值和声像定位之间的关系

| S/M 比例（M 为 1） | 0 | 0.172 | 0.358 | 0.560 | 0.776 | 1 |
|---|---|---|---|---|---|---|
| 生成的声道间ΔL | 0 | 3dB | 6.5dB | 11dB | 18dB | ∞ |
| 声像定位百分数 | 0 | 25% | 50% | 75% | 100% | 100% |
| 声像定位位置 | C | 左（右）1/4 | 左（右）1/2 | 左（右）3/4 | 左（右） | 左（右） |

拾音范围角度，S/M 比例小于 1，这一点的 S/M 比例为 0.776。如果将 S/M = 0.776/1 代入计算有效拾音范围角度 $\varphi$ 的公式，就得出 MS 拾音制式拾音范围角度。如将 S/M = 0.776/1 代入公式 5-17，即得到使用心形指向特性传声器做 M 传声器时该立体声传声器系统的拾音范围角度 $\theta_{max}$：

$$\because \varphi = 2\arctan \frac{M_{max}}{2S_{max}}$$

$$\therefore \theta_{max} = 2\arctan\left(\frac{M_{max}}{2S_{max}} \times \frac{0.776}{1}\right) \qquad \text{公式 5-20}$$

$$\theta_{max} \approx 42°$$

从计算中得知，在 MS 拾音制式中使用心形指向特性传声器做 M 传声器时，且 $M_{max}/S_{max} = 1$ 的情况下，拾音范围角度 $\theta_{max}$ 是 42°，拾音范围 $2\theta_{max}$ 为 84°。

在 MS 拾音制式中使用 8 字形指向特性传声器做 M 传声器时，且 $M_{max}/S_{max} = 1$ 的情况下，拾音范围角度为：

$$\because \varphi = \arctan \frac{M_{max}}{S_{max}}$$

$$\therefore \theta_{max} = \arctan \frac{M_{max}}{S_{max}} \times \frac{0.776}{1} \qquad \text{公式 5-21}$$

$$\approx 38°$$

在 MS 拾音制式中使用全方向特性传声器做 M 传声器时，且 $M_{max}/S_{max} = 1$ 的情况下，拾音范围角度为：

$$\because \varphi = \arcsin \frac{M_{max}}{S_{max}}$$

$$\therefore \theta_{max} = \arcsin \frac{M_{max}}{S_{max}} \times \frac{0.776}{1} \qquad \text{公式 5-22}$$

$$\approx 51°$$

影响 MS 拾音制式拾音范围角度的因素同有效拾音范围角度，对 $S_{max}/M_{max}$ 比例和 M 传声器指向特性，我们在此不再赘述。

## 5.2.5　MS 拾音制式的特点和使用

　　MS 拾音制式是所有拾音制式中的经典。该拾音制式的发明者巧妙地利用了 8 字形传声器的反相特性，巧妙地设计了和差电路，这些与众不同的思路使 MS 拾音制式具有其独特的优点。

　　MS 拾音制式突出的、也是所有其他所有拾音制式不具备的特点是在录音过程中可以调整拾音范围角度。在现场录音中，有时由于被录音的乐队宽度变化，录音师需要调整拾音范围角度，以保证在立体声重放系统中得到理想的声像定位宽窄。当然，上文曾讨论过的 A/B 拾音制式、XY 拾音制式和以后将要讨论的所有拾音制式都可以调整拾音范围角度。但是，除了 MS 拾音制式以外，所有其他拾音制式对拾音范围角度的调整只能调整立体声传声器系统，即调整传声器的指向特性、传声器间距、传声器主轴张开角度等。而这些调整工作在现场录音过程中，由于观众的存在和其他原因，往往是无法实施的。在现场录音过程中，只有 MS 拾音制式可以通过在调音台上调整 S 信号和 M 信号的比例 $S_{max}/M_{max}$ 即可轻松、便捷地实现。从这个意义讲，有时在现场录音中，MS 拾音制式是唯一的选择。

　　这里需要说明一个问题，本章在阐述对 $S_{max}/M_{max}$ 的调整时，利用 S 信号的增加和减少参数导致的拾音范围角度的减小和增加。在实际工作中，有经验的录音师往往不采取调整 S 信号的办法，而是调整 M 信号的大小以改变 $S_{max}/M_{max}$ 的比例关系。道理很简单，S 信号一般占用两个通道，对这两个通道在录音之前要严格调整 +S 和 -S 的一致性，并在录音的全过程一直保持其一致性。若调整 S 信号的大小，势必同时调整两个通道的"音量电位器"，这个动作是手动的，几乎无法保证两个通道的一致性不被破坏。所以，录音师一般在调整好 +S 和 -S 的一致性以后，要用胶布将这两个通道上的"音量电位器"固定，若需要改变 $S_{max}/M_{max}$ 的比例，采用调整 M 通道信号大小的方法。

　　MS 拾音制式另一个突出的优点是：除了 MS 拾音制式以外，所有其他拾音制式都是使用立体声传声器系统的两个传声器直接拾取左、右声道信号；而 MS 拾音制式是使用立体声传声器系统的两个传声器拾取 M 信号和 S 信号，再将 M 信号和 S 信号经过和差转换生成左、右声道信号。显然，这为声音的记录提供了两种可能性。

　　1. 录音机记录将 M 信号和 S 信号经过和差转换生成的左、右声道信号，得到一个与其他所有拾音制式一样的立体声信号。

　　2. 录音机直接记录和差转换之前的 M 信号和 S 信号。如果录音师以后需要该节目源的单声道信号，可以摈弃掉 S 信号，直接取出 M 信号即可，因为 M 信号本身就是一个完整的单声道信号。如果录音师以后需要该节目源的立体声信号，可以再将录音机记录的 M 信号和 S 信号经过加减器的和差转换生成立体声信号。在这个过程中，录音师还可以根据需要调整 $S_{max}/M_{max}$ 比例，以得到理想的声像定位宽窄。而欲增加用 MS 拾音制式第 1 种录音机记录方法和其他所有拾音制式记录的立体声信号的立体声重放声像宽度是十分困难的。这也是 MS 拾音制式独有的优点，对我国目前的电视转播非常必要。因为我国目前的部分电视转播声音还是单声道的，必然要提供一个单声道的声音信号，而同时往往还需要记录一个立体声信号。如果采用 MS 拾音制式拾音，可以将和差转换前的 M 信号直接播出，将和差转换生成后的立体声信号记录下来。可以肯定地说，播出的单声道 M 信号比用任何拾音制式拾取的立体声信号再经技术处理得到的单声道信号质量要高。起码，在立体声 / 单声道兼容这个意义上如此。

在录音实践中，一般可以使用任何拾音制式，在特定的声场和声源情况下如何选择合适的拾音制式是很见录音师功力的。无论使用何种拾音制式，录音技术要求和艺术处理的原则是相似的，这里不再赘述。但是由于 MS 拾音制式的特点，在录音实践中有几点与使用其他拾音制式都不同，需要特别注意。

1. +S 和 -S 信号保持一致性。

承担和差转换任务的加减器的 +S 通道和 -S 通道的电平应严格一致，即这两个通道的 S 信号大小应该一致。根据 MS 拾音制式的工作原理，这一点是不容置疑的，以保证生成后的左右声道信号的合理相关性。检验 +S 通道和 -S 通道的电平是否一致的方法是：将 M 通道的音量电位器拉到最低，将 +S 通道和 -S 通道的音量电位器推到 0dB 左右的相同位置，将监听选择到 "Mono" 状态。此时，实际是将相位相差 180° 的 +S 和 -S 信号叠加，从理论上讲，如果这两个信号的电平一致性很好，两个信号应该相互抵消，在扬声器中听不到声音。如果在扬声器中能够听到声音，说明 +S 和 -S 信号电平的一致性不好。调整相应通道的口子电平，使两个信号相互抵消。由于种种原因，做到两个信号完全抵消几乎不可能，但是应该尽量使扬声器中听到的声音最小。

调整 +S 和 -S 信号电平一致性后，将监听选择到 "Stereo" 状态，此时，在扬声器中听到的是 180° 反相信号，声音不正常。这时，再推起 M 信号音量电位器，在扬声器中听到的声音逐渐清晰，且声像逐渐向扬声器两侧展开声音信号，最后一直调整听到满意的立体声信号为止。

2. 不要混淆录音前调整 $S_{max}/M_{max}$ 比例对"拾音范围角度"大小的影响和录音中调整 $S_{max}/M_{max}$ 比例对声像定位宽窄影响二者的关系。

我们知道，可以通过调整 $S_{max}/M_{max}$ 比例大小以调整拾音范围角度的大小，且 $S_{max}/M_{max}$ 比例越小，即 $S_{max}$ 信号越小，拾音范围角度越大；反之则 $S_{max}/M_{max}$ 比例越大，即 $S_{max}$ 信号越大，拾音范围角度越小。

这个问题的第一个方面是：在录音之前，录音师要根据希望得到的声场直达声 / 混响声比例调整立体声传声器系统距录声源的距离。确定这个距离后，通过调整 $S_{max}/M_{max}$ 比例以确定拾音范围角度的大小，使拾音范围与乐队宽度重合（参照 4.4），以获得在立体声重放中 100% 的声像定位。在录音过程中，如果乐队宽度发生变化，可再调整 $S_{max}/M_{max}$ 比例以使拾音范围与乐队宽度再度重合。

这个问题的另一个方面是：录音师一旦确定了 $S_{max}/M_{max}$ 比例和拾音范围角度，在乐队宽度不变的情况下，在录音中，如果减小 $S_{max}/M_{max}$ 比例，即减小 $S_{max}$ 信号，势必造成拾音范围角度的增加，其结果使乐队在立体声重放中声像定位的宽度变窄，即由"完全声像定位"变成"不完全声像定位"。反之，如果增加 $S_{max}/M_{max}$ 比例，即增加 S 信号，势必造成"拾音范围"角度的减小，其结果使乐队在立体声重放中虽然声像定位的宽度没有改变（由于立体声重放系统两个扬声器的间距是不变的），其结果是导致"完全声像定位"变成具有"中间空洞"现象。

对上述调整 $S_{max}/M_{max}$ 比例的两个方面问题可以这样总结，在录音之前对 $S_{max}/M_{max}$ 比例的调整，$S_{max}/M_{max}$ 比例越小，拾音范围角度越大，调整的目的为了得到 100% 的声像定位。在录音过程中，在乐队宽度的大小不变的情况下，$S_{max}/M_{max}$ 比例越小，声像定位越窄，反之，则 $S_{max}/M_{max}$ 比例越大，声像定位越宽，调整的目的是为了改变声像定位的宽度。这一个问题的两个方面不可混淆。

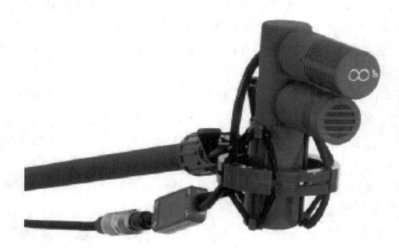

图 5-19　常用的 MS 拾音制式传声器组合

图 5-20　使用"枪"式传声器做 M 传声器

图 5-21 使用"界面"传声器 做 M 传声器

## 5.3 XY 拾音制式和 MS 拾音制式的比较

在"强度差拾音方法"中常用的是 XY 拾音制式和 MS 拾音制式。下面对这两种拾音制式的性能进行比较。

**声像定位** 这两种拾音制式的声像定位都很好，但 MS 拾音制式的声像定位更自然一些。

**空间感** MS 拾音制式的 M 传声器使用全方向特性传声器时比 XY 拾音制式的空间感要好，用其他指向特性传声器时这两种拾音制式差别不大。

**立体声 / 单声道兼容性** 这两种拾音制式的立体声 / 单声道兼容性都很好，但是 MS 拾音制式比 XY 拾音制式更好，因为 MS 拾音制式可以从 M 通道直接取出单声道信号。

**左右声道的一致性** 除了 MS 拾音制式，任何其他拾音制式都要求使用两个型号和特性完全一致的传声器，以保证左右声道的一致性。但是，世界上不存在两个一模一样的事物，传声器也是如此，所以两个传声器即使仅有细微的差别也会从某种程度上影响左右声道的一致性。而 MS 拾音制式本身不存在传声器一致的问题，所以，MS 拾音制式的左右声道的一致性更好。

**音质** 任何指向特性的传声器在 0° 轴方向拾取的声源的音质都是最好的。乐队中独唱、独奏等主要声源一般都是在乐队的中间。XY 拾音制式的两个传声器永远对着乐队的两侧，而 MS 拾音制式的 M 传声器永远对着乐队的中间。所以，MS 拾音制式的音质比 XY 拾音制式好。

**拾音范围的调整** 这一部分不再赘述，当然 MS 拾音制式比 XY 拾音制式在拾音范围的调整方面要灵活、方便得多。

综上所述，MS 拾音制式相对 XY 拾音制式具有十分明显的优越性。但是，使用 MS 拾音制式对录音师的技术要求更高一些。当然，在使用中，MS 拾音制式比 XY 拾音制式也稍微复杂一些，但是，对不遗余力地追求高质量录音的录音师而言，这种"付出"是值得的。

## 5.4 XY 拾音制式和 MS 拾音制式的等效转换

由传声器指向性系数的数学计算公式 1-2 可知，$S(\theta)=A+B\cos\theta$，其中，$S(\theta)$ 是随声波入射角度变化而改变的传声器指向性系数，$\theta$ 是相对于 0° 的声波入射角度，A 为全方向性（压强）部分的含量，B 为 8 字形指向性（压差）部分的含量。由此可知：

$$A+B=1 \qquad \text{公式 5-23}$$

　　XY 拾音制式是将两个特性完全相同的指向性传声器分开一定角度，而振膜相互重叠的一种拾音方式。如果从传声器指向性系数的角度分析 XY 拾音制式，那么，根据 5.1.3(XY 拾音制式的拾音范围 ) 相关内容可知，X、Y 两个传声器各自的指向性系数公式为：

$$\begin{cases} X = A + B\cos\left(\dfrac{\alpha}{2} + \theta_s\right) \\ Y = A + B\cos\left(\dfrac{\alpha}{2} - \theta_s\right) \end{cases}$$
公式 5-24

　　其中，$\dfrac{\alpha}{2}$ 为主轴张开角的一半，即传声器偏移角度；$\theta_s$ 为声源的入射角度。

　　MS 拾音制式也属于强度差拾音方式，它是将两个传声器的振膜重合在一起，一个传声器可用任意指向特性，且正对声源方向 ( 即 M 传声器 )，另一个用 8 字形传声器 ( 即 S 传声器 )，并将振膜对着声场左侧横向放置。MS 拾音制式与 XY 拾音制式的不同之处在于，XY 制式在录制过程中可直接将 X、Y 传声器输入左右两个声道，而 MS 制式要经过加减器生成左右声音信号。具体表示如下：

$$\begin{cases} L = M + S \\ R = M - S \end{cases}$$
公式 5-25

　　M 传声器的指向性系数公式为：

$$M = A + B\cos\theta_s$$
公式 5-26

　　S 传声器的指向性系数公式为：

$$S = \cos\left(90° + \theta_s\right)$$
公式 5-27

　　其中，$\theta_s$ 为声源的入射角度 ( 假设 M，S 两传声器的灵敏度一致 )。在 M 传声器与 S 传声器的灵敏度不同，或是在调音台上 M 通道和 S 通道音量电位器设置不同的情况下，M 与 S 之前可加上相应的系数。

　　所谓 XY 制式与 MS 制式的等效转换，是指在 XY 制式中的某种传声器设置一定的情况下，必然有且只有一对 MS 制式传声器设置与之对应，并且它们的拾音效果相同。

　　根据以上对 XY 制式与 MS 制式拾音原理的解释，XY 制式拾音时，X 拾取左信号，Y 拾取右信号，即：

$$\begin{cases} L = X \\ R = Y \end{cases}$$
公式 5-28

　　而 MS 制式中的左信号为 M、S 之和，右信号为 M、S 之差，即公式 5-27 。

　　因此，由式 5-27 和式 5-30 可知，在 XY 制式与 MS 制式的等效互换中，XY 制式的 X 信号与 MS 制式中的 M、S 之和相等，Y 信号与 MS 制式中的 M、S 之差相等。即：

$$\begin{cases} X=M+S \\ Y=M-S \end{cases}$$

公式 5-29

将上述 XY 制式和 MS 制式中 X、M、S 传声器的指向性系数公式及公式 5-26 代入公式 5-30，得

$$X=A+(1\text{-}A)\cos\left(\frac{\alpha}{2}+\theta_s\right)=M+S=$$
$$x\left[A'+(1\text{-}A')\cos\theta_s\right]+y\cos\left(90°+\theta_s\right)$$

公式 5-30

其中，$\theta_s$ 为声源入射角度，A 为 XY 制式中 X 传声器的全方向性部分含量，A 为 MS 制式中 M 传声器的全方向性部分含量，$\alpha$ 为 XY 制式中两传声器之间的主轴张开角，x、y 分别为 M、S 传声器相对于 XY 传声器的电平比系数（假设 M、S 和 X、Y 传声器的灵敏度一致）。特别指出的是，这里的 M、S 指的都是 M 信号分量和 S 信号分量，分量中包括电平比例系数。

将式 5-32 进行简化

$$X=A+(1\text{-}A)\cos\left(\frac{\alpha}{2}+\theta_s\right)=x\left[A'+(1\text{-}A')\cos\theta_s\right]+y\cos\left(90°+\theta_s\right)$$

$$A+(1\text{-}A)\left(\cos\frac{\alpha}{2}\cos\theta_s-\sin\frac{\alpha}{2}\sin\theta_s\right)=xA'+x(1\text{-}A')\cos\theta_s-y\sin\theta_s$$

$$A+(1\text{-}A)\cos\frac{\alpha}{2}\cos\theta_s-(1\text{-}A)\sin\frac{\alpha}{2}\sin\theta_s=xA'+x(1\text{-}A')\cos\theta_s-y\sin\theta_s$$

利用待定系数法，得

$$\begin{cases} A=xA' \\ (1\text{-}A)\cos\frac{\alpha}{2}=x(1\text{-}A') \\ (1\text{-}A)\sin\frac{\alpha}{2}=y \end{cases}$$

公式 5-31

可见，XY 制式的 2 个传声器 MS 制式的 2 个传声器在产生相同效果的情况下是一一对应的关系。也就是说，已知两个 XY 制式传声器参数，只有一对 MS 制式传声器参数与之对应，并且可算出 MS 制式传声器参数的具体数值，反之亦然。转换参数如表 5-6 所示。

表 5-6　XY 制式与 MS 制式的等效转换参数

| XY 制式 | MS 制式 |
| --- | --- |
| X 传声器的全方向性部分含量 A<br>主轴张开角 α | M 传声器的全方向性部分含量 A'<br>M、S 传声器的电平比例 XY |

下面举例说明：

例一：已知 XY 制式传声器为心形指向，传声器间主轴张开角为180°，将参数代入式 5-31 得 1 对 MS 制式传声器的参数，即 M 传声器为全方向传声器，M、S 传声器之间的电平比例为1：1，M 传声器与 S 传声器相对于 X、Y 传声器的电平比系数均为 0.5，如图 5-22 所示。

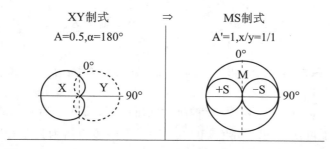

图 5-22　A 为 0.5，α 为 180° 的 XY 制式与对应的 MS 制式

例二：已知两 XY 制式传声器为心形指向，传声器间主轴张开角为90°，将参数代入式 5-31 可得：

$$\frac{x}{y} = \frac{2.4}{1.0}, \quad A' = 2 - \sqrt{2} \approx 0.59,$$

$$x = \frac{2 - \sqrt{2}}{4} \approx 0.85, \quad x = \frac{\sqrt{2}}{4} \approx 0.35$$

即，传声器为类扁圆形指向传声器，M、S 传声器之间的电平比例约为 2.4：1.0，M 传声器相对于 X、Y 传声器的电平比系数约为 0.85，S 相对于 X、Y 的系数约为 0.35，如图 5-23 所示。

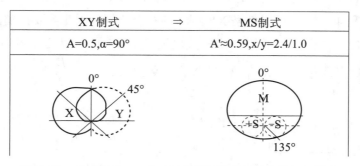

图 5-23　A 为 0.5，α 为 90° 的 XY 制式与对应的 MS 制式

例三：已知 MS 制式中 M 传声器为心形指向，M、S 传声器之间的电平比例为1：1，将参数代入式 5-31 求得，与之相对应的 XY 制式中两传声器为类锐心形传声器，两传声器间主轴张开角约为126.8°，M 和 S 传声器相对于 X、Y 传声器的电平比系数均约为 0.62，

如图 5-24 所示。

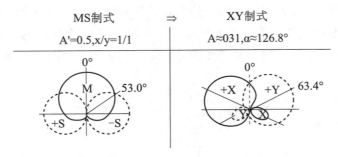

图 5-24 A 为 0.5，XY 为 1/1 的 MS 制式与对应的 XY 制式

例四：已知两 MS 制式中 M 传声器为心形指向，M、S 传声器之间的电平比例为 2∶1，将参数代入式 5-31 可得，与之相对应的 XY 制式中两传声器为类超心形传声器，主轴张开角为 90°，M 传声器相对于 X、Y 传声器的电平比系数约为 0.82，S 相对于 X、Y 的系数约为 0.41，如图 5-25 所示。

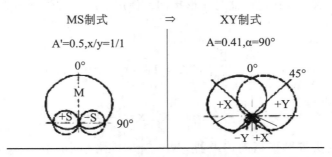

图 5-25 A′ 为 0.5，XY 为 2/1 的 MS 制式与对应的 XY 制式

例五："Blumlein 拾音制式"为两个 8 字形传声器呈 90° 放置的一种传声器设置方法（振膜与正前方呈 45°），它可看作是 XY 制式的一个特例，因此需要特别说明一下。它所对应的 MS 制式为两个 8 字形传声器垂直放置，M、S 传声器之间的电平比例为 1∶1，M 传声器和 S 传声器相对于 X、Y 传声器的电平比系数均为 $\frac{\sqrt{2}}{2}$，约为 0.72，如图 5-26 所示。

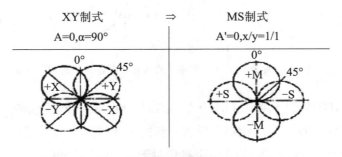

图 5-26 "Blumlein 拾音制式"与对应的 MS 制式

XY 制式与 MS 制式的等效转换变化是有规律可循的。由图 5-22 至 5-26 及式 5-31 我们可看出，在 XY 制式与 MS 制式的等效转换过程中，其中 1 个参数固定，其他 2 个未知参数将随已知参数的变化而呈正比或反比变化。其变化规律如表 5-7 所示。

表 5-7　XY 与 MS 制式等效参数之间的变化关系

| XY 制式 ⇒ MS 制式 | | | | MS 制式 ⇒ XY 制式 | | | |
|---|---|---|---|---|---|---|---|
| A 一定 | | α 一定 | | A′ 一定 | | x/y 一定 | |
| $\alpha \propto \dfrac{1}{x/y}$ | | $A \propto x/y$ （A≠0） | $\alpha$ 与 x/y 无关 （A=0） | $x/y \propto \dfrac{1}{\alpha}$ | | $A' \propto \dfrac{1}{\alpha}$ （A′≠0） | $A'$ 与 $\alpha$ 无关 （A′=0） |
| $\alpha \propto A'$ （A≠0） | $\alpha$ 与 $A'$ 无关 $A' \equiv 0$ （A=0） | $A \propto A'$ （A≠0） | $A=A'$ （A=0） | $x/y \propto A$ （A′≠0） | x/y 与 A 无关 $A \equiv 0$ （A′=0） | $A' \propto A$ （A′≠0） | $A'=A$ （A′=0） |

可以看出，当 XY 制式中传声器指向性一定时，主轴张开角度越小，与其对应的 MS 制式中 M 传声器相对于 S 传声器的比例分量越大，M 传声器指向性越尖锐；当 XY 制式中主轴张开角度一定时，传声器指向性越尖锐，与其对应的 MS 制式中 M 相对于 S 传声器的比例分量越小，M 传声器指向性越尖锐。当 MS 制式中 M 传声器指向性一定时，M 相对于 S 传声器的比例分量越小，与其对应的 XY 制式中主轴张开角度越大，传声器指向性越尖锐；当 MS 制式中 M 相对于 S 传声器的比例分量一定时，M 传声器指向性越尖锐，与其对应的 XY 制式中主轴张开角度越大，传声器指向性越尖锐。

但是有一种情况是特例，如例五所示，当 XY 制式中 X、Y 传声器为 8 字形传声器时，无论其主轴张开角怎样变化，MS 制式中的 M 传声器均为 8 字形传声器，但 M 传声器相对于 S 传声器的比例分量随着 XY 传声器主轴张开角度的增大而减小。

## 【思考题】

1. 如何理解"有效拾音范围"和"拾音范围"之间的关系？

2. 哪些因素影响 XY 拾音制式拾音范围角度？

3. 在 XY 拾音制式中如何调整拾音范围角度？

4. 什么因素影响 MS 拾音制式的有效拾音范围角度？

5. 如何理解 MS 拾音制式中 $S_{max}/M_{max}$ 与 MS 的关系？

6. 如何理解 MS 拾音制式中 S/M 比例与 $\Delta L$ 的关系？

7. 如何理解 XY 拾音制式和 MS 拾音制式的等效转换？

# 第六章 强度差拾音方法（2）Pan Pot 制式（多轨录音技术）

　　多轨录音技术是上个世纪七十年代在西方兴起，八十年代在我国发展十分迅速，且在音乐录音和影视录音中普遍使用的现代拾音技术。目前，在全世界的录音制品中，几乎百分之百是全部或部分使用多轨录音技术制作的，它已成为流行音乐制作的标准录音模式。

　　多轨录音技术与第四章讨论的 AB 拾音制式和第五章讨论的 XY 与 MS 拾音制式在拾音理念上是大相径庭的。上述三种拾音制式和第七章以后将讨论的其他拾音制式都是使用两个传声器组成立体声传声器系统，由于该传声器系统中传声器的不同设置，在拾取声场中声音信号的同时，即产生了左、右声道声音信号的"差"（$\Delta t$、$\Delta \Phi$、$\Delta L$ 和 $\Delta f$），并将声音信号和声道间这个"差"信息直接记录在立体声记录媒体上，立体声录音随即完成。有人称这种拾音方法为一次合成录音技术是有一定道理的。在用两个传声器组成立体声传声器系统，即用一次合成录音技术进行立体声录音时，理论上只需使用两个传声器（使用三个以上传声器的拾音制式属于特殊情况，严格讲属于在两个传声器基础上的变体；至于作为辅助传声器可能会使用到几十个，但不在此讨论之列）拾取声源左右方向的声音，使用一台立体声录音机做声音记录就可以了。如需使用调音台，调音台一般有两个输入通道（使用 M/S 拾音制式时，调音台须有三个声道）就能满足录音工作的需要。

　　与一次合成录音技术有本质区别的称作多轨录音技术。多轨录音技术的立体声重放声像定位也是根据左右声道间的强度差 $\Delta L$ 实现的。从这个意义上讲，可以将多轨录音技术理解为是强度差拾音方法中的一种拾音制式，有人称它为"声像移动器（即声像电位器）制式"[①]。但多轨录音技术在拾音理念和录音工艺上又和 XY 和 MS 拾音制式有很大区别，所以我们将多轨录音技术独立作为一章来讨论。

　　在录音实践环节，多轨录音技术相对一次合成录音技术要复杂得多。每一位录音师根

---

　　① 李宝善．近代传声器和拾音技术［M］．北京：广播出版社，1984：236.

据节目的内容不同，出于各自的审美追求、对设备的驾驭程度，以及录音经验积累的不同，在录音全过程的差异很大，甚至是大相径庭。所以说，多轨录音技术为录音师提供了极其广大的创作空间，也造就了一批录音大师。由于本书旨在探讨拾音技术方面的理论问题，故在本章不涉及更多多轨录音技术的技巧。

# 6.1　多轨录音技术的设备和录音环境

图 6-1 是多轨录音系统的基本配置。多轨录音技术从某种意义上讲是单声道拾音。使用多轨录音技术录音时，要求将乐队根据录音要求和乐队构成分成若干声群，对每一声群进行单声道拾音，然后再将若干个单声道信号利用调音台的声像电位器，根据艺术创作的要求以不同比例人为地分配到左、右声道中去，实现立体声重放的声像定位。需要说明的

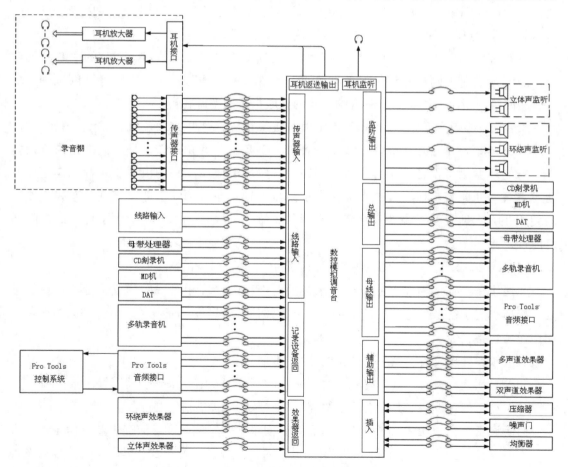

图 6-1　多轨录音技术的基本系统配置

是，对每一声群单声道拾音的过程可以单独进行（即分期分轨），也可以与其他声群的单声道拾音同时进行（即同期分轨），而最终每一声群在立体声重放中的位置是录音师创造出来的，与录音时声群的实际排列位置无关，所以也有人称多轨录音技术录制的立体声节目是"假立体声"节目。调音台上的声像电位器实际上是将一个单声道信号人为分配到左、右声道，并通过调节两声道的电平大小造成立体声重放时的声像左、右偏移，这个左右声道间电平大小的差异就是强度差ΔL。

由于多轨录音技术的特殊性，它对录音设备的要求相对一次合成录音技术要复杂得多。

### 1. 多轨录音技术对设备的要求

多轨录音技术要求声音信号有较好的"隔离度"，并要求对声音信号有较大的"再造"空间。所以，该录音工艺对使用的设备也有一些特殊的要求。

**传声器** 多轨录音一般要求使用指向性传声器，并使用近距离拾音方法，以加强声隔离，减少声道间串音。在使用传声器时要注意应该避免产生"近讲效应"，因为"指向性传声器"和"近距离拾音"是产生"近讲效应"的原因。

**调音台** 多轨录音要求使用的调音台应具有足够多的声道数量、强大的声音分配功能，能够提供对不同声音信号的各种监听和监视可能、随时对设备能够灵活配接的"跳线"功能等。所以，用于多轨录音的调音台一般都是大型调音台。

**录音机** 多轨录音技术显然需要使用多轨录音机，这样的录音机种类十分繁多。近些年来，音频工作站几乎取代了多轨录音机。事实上，音频工作站是集大部分录音设备于一身的新型录音设备，是计算机技术在录音领域的应用。它的出现使录音工作更加方便、直观，使原来难以实现或者无法实现的制作现在录音师随手即可实现。音频工作站的使用还大大地改变了录音理念和录音师的思维，为录音艺术创作提供了更大的空间和可能性。

当然，多轨录音中，声音的两轨记录设备还是必不可少的。

**周边设备** 在多轨录音技术中，录音师对声音的处理相对一次合成录音技术更加重要，操作也更加复杂。这些工作主要是借助音频信号处理设备完成的，俗称"周边设备"。周边设备包括：

（1）频率处理设备。其中有"均衡器""激励器"等。

（2）时间处理设备。其中有"延时器""混响器""多重效果处理器"等。

（3）动态处理设备。其中有"压缩器""限幅器""扩展器""降噪器"等。

**监听设备** 在使用多轨录音工艺录音时，向录音师、乐队和导演提供监听信号十分重要。而且，往往应根据不同部门的需要提供不同的监听信号。所以，提供监听信号的设备不外乎是扬声器和耳机，但是监听系统的建立是比较复杂的。如果说，在一次合成录音中信号处理和监听是必要的，那么，在多轨录音中对信号处理和监听是必需的。

关于周边设备的工作原理和使用这里不再赘述。

**2. 多轨录音技术对录音棚的要求**

一般来说，多轨录音技术的录音要求在混响时间很短的录音棚中进行。录音棚的混响时间一般不应大于 0.6s，其目的是减少声道间的串音，即增强声道间的隔离度。有时还需要用隔音屏风增强隔离度，甚至对个别乐器（打击乐、钢琴、人声）使用隔离小室。

多轨录音技术同样可以在音乐厅、歌剧院等场所进行。

# 6.2　多轨录音技术的录音工艺

多轨录音的工艺流程一般分为三大步骤：

**1. 前期录音**　它的工艺流程是：传声器（包括来自 MIDI 和其他声源的信号）→调音台→多轨录音机。前期录音的过程基本是单声道拾音，并将若干个单声道信号记录在多轨录音机上的过程。

**2. 后期处理合成**　它的工艺流程是：多轨录音机→调音台→两声道立体声录音机。后期处理合成的过程是将若干个（可多达几百个）单声道信号经调音台上的声像电位器按照一定比例分配到左右声道，同时加载必要的声场信息，并记录在两声道立体声录音机上。业内人士特称这一步骤为"缩混"。

**3. 母带处理**　母带处理是整个录音制作中的最后一个环节，需要将"缩混"后的所有曲目看成一个整体，进行最后的、更加细致的音质调整。其作用主要是使整张唱片的声音具有统一性。需要调整的内容包括所有曲目的相对电平、动态范围，以及专辑的整体音色等。使用纯数字设备或模拟、数字设备共用进行母带处理会有差别，但整体流程大致分为以下几个步骤：

（1）曲目排序；

（2）整体曲目的响度平衡，统一整张唱片的音量感觉；

（3）整体曲目的 EQ 调整，使整张唱片的音色更加统一；

（4）整体曲目的动态处理，以平衡各曲目之间的动态，提升唱片的整体电平；

（5）量化精度与采样率的转换。

## 6.2.1　多轨录音技术的前期录音

多轨录音技术的前期录音一般分为两种基本方法：同期分轨和分期分轨。

**1. 同期分轨**　顾名思义，它是指乐队的所有乐件同时演奏，但是分别记录在多轨录音机上，在后期加工阶段将各声道混合成双声道立体声。

同期分轨在下列几种情况下显示出它的优越性：

（1）录音时间短，没有充分的时间进行分期分轨录音。

（2）在现场实况录音中，为避免一次合成录音可能造成某些声部不平衡的缺憾，待同期分轨录音结束后，再从容地进行缩混。

（3）录音师在对录音棚和监听控制室不熟悉、录音棚存在声学缺陷、设备缺乏等情况下，为避免影响录音质量，可采取同期分轨的录音方法，然后在另一个条件较好和录音师比较熟悉的录音棚再进行缩混。

（4）有些音乐作品需要演奏员之间密切配合，比如作品节奏变化复杂，有较多自由处理的乐段等。对于这样的音乐作品，使用分期分轨的录音方法很难保证录音质量。

同期分轨录音由于所有乐器同时录音，难免出现声道间串音（即某一声道的声音在另一个声道也能听到）。应将乐队的排列尽量符合立体声声像的排列（若在左声道的声音串到右声道会使声像混乱），以减少声道间串音影响录音质量。

为了加强同期分轨录音时乐队演奏员之间互相配合，必要时乐手可头戴耳机。

**2. 分期分轨**　即不同乐器或乐器组不同时录音被分别记录在多轨录音机上，在后期加工阶段将各声道混合成双声道立体声。

分期分轨一般在以下情况显示其优越性：

（1）当同期录音时，不同的乐器组由于声学串音干扰使声音质量下降（如打击乐或弦乐），这在录音工作中是经常碰到的。

（2）当所有乐器不能同时演奏时，比如某位演员、演奏员暂时无法到场，某位演奏员需要演奏几件乐器，且无法同时进行。

（3）有些作品的某些乐段共同演奏难度较大。

（4）有些录音节目要求将不同声学条件下的录音混合在一起，无法在某一声学条件下完成全部录音节目。

（5）受录音棚和设备的限制，无法进行同期分轨录音。

分期分轨录音，因演奏员是单独或者分组进行录音，必须使他们掌握音乐节奏的进行。一般使用一轨事先录上节奏、小节数、反复记号等，演奏员录音时通过耳机返送的提示信号演奏，所以分期分轨时演奏员必须使用耳机监听。

多轨录音在前期录音完成后，录音师必须对录音素材进行后期加工处理，所以录音师在前期录音工作中比较从容。但是必须保证素材的完整，电平足够大，演奏不能有任何错误。尽管录音师对其录音还需要进行后期加工处理，但是许多在前期录音中存在的缺憾在后期几乎是无法弥补的。

## 6.2.2　多轨录音技术的后期加工处理

音乐是以音响的形式存在的。可以说，音乐是内容，音响是形式；也可以说，音乐是信息，音响是载体。如果将二者割裂开来，音乐便只是作曲家案头的谱纸而已。所以说，音乐和音响是密不可分的。

无论同期分轨录音还是分期分轨录音，在前期录制的都只是音乐素材，还不能称为完整的音乐。一段完整的音乐除了音乐家将作曲家创作的乐谱演唱、演奏为音响以外，还应该包括演奏、演唱的方位信息和厅堂的声学特性。为了追求高质量的声音，这些方位信息和厅堂的声学特性在多轨录音的前期录音阶段都是被摈弃掉的，那么，在后期的加工处理阶段必须用人工的方法加载这些信息，业内人士称这个加工处理阶段为"缩混"。这是多轨录音最重要的步骤，也是录音师表现创作风格、施展才能的重要环节。后期加工处理包括：声像分配、声场塑造、音量平衡、音色调正等。

**声像分配**　立体声音响的核心是"立体"，立体感是通过听音人对声源在空间位置分布的感受形成的。声像定位像一幅听觉幻象组成的心理图像，是舞台上真实声源在眼前的再现，同时也是立体声技术塑造音乐空间的重要手段。声像定位不仅要求定位准确，而且要求稳定，不能随声音的强弱变化和声音进行产生声像飘移。它要符合人们对乐队排列的欣赏习惯，管弦乐队、室内乐队、电声乐队、合唱队的排列都不一样，北美和欧洲的管弦乐队排列也有区别。另外在歌剧中，随着演员舞台调度的变化，对声音的跟踪——"移动中"的声像定位——也十分重要。声像定位不是"点"的，而是"阵"的，是"三维"的，即左右、前后以及上下的声像定位。它还应对每一件乐器、每一组乐器，直到整个乐队进行形象的准确描绘，否则就完全破坏了音乐形式的真实，破坏了"立体"的美。

实现声像定位的技术手段是声像分配，即将前期录制的单声道多轨音乐素材，根据创作的要求分配到立体声的左右声道中去。声像分配是借助 Pan Pot（声像电位器）实现的，此时的 Pan Pot 就是录音师创造人工立体声的工具。

为了理解声像分配的意义，我们有必要介绍一下 Pan Pot 的工作原理。

图 6-2 左边是 Pan Pot 原理图，它由同轴同步调正的双连电位器构成。右图是 Pan Pot 的旋转位置与声压输出曲线，图上的角度表示 Pan Pot 转轴的相对位置（-45°→0°→+45°），而不是转轴的实际旋转角度。当其中一个电位器的阻值按照正弦规律增加时，另一个电位器的阻值按照余弦规律减少。由于声功率与声压平方成正比，所以 Pan Pot 任何位置的声功率总和是不变的。在中央位置时两电器的输出电平值应相等，为最大值的 0.707 倍。

显然曲线中任意一点中 L 和 R 的"差"就是该点的电平差，即强度差。

公式中加上的 45° 是修正角度，因为理解了 pan pot 工作原理，我们把 C 定为 0°，实际上在三角函数中 0° 应是 +45°。

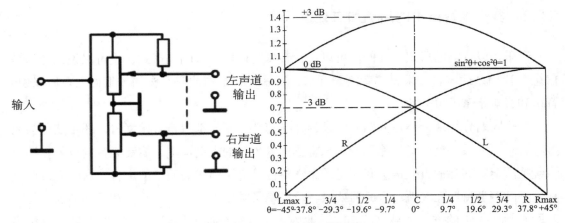

图 6-2　Pan Pot 的工作原理

　　用公式可计算出声像定位（1/4、2/4、3/4、4/4、即 25%、50%、75%、100%）相对应的 Pan Pot 旋转角度。当 θ=±37.8° 时△ L=18dB，在 L 和 R 的声像定位，从 ±37.8° 到 ±45° 之间，△ L 还在增加，一直到理论上的无穷大，但声像定位停留在 L 或 R 上，且这一段内随着△ L 的增加，声像定位不变。

　　前面讲到 Pan Pot 从 −45° → 0 → +45° 的角度表示 Pan Pot 转轴的相对位置，而不是转轴的实际角度。那么实际的 Pan Pot 旋转角度是什么情况，工作中又是如何处理 1/4、2/4、3/4、4/4 的声像定位呢？

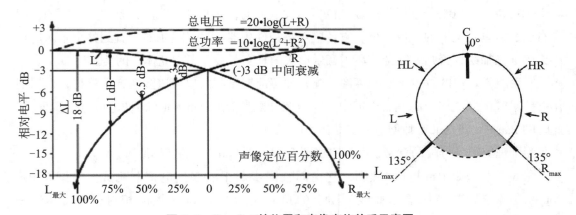

图 6-3　Pan Pot 的位置和声像定位关系示意图

　　调音台上的 Pan Pot 旋钮实际旋转角度为 ±135°，即 270°；Pan Pot 实际旋转 0° → ±90° 的变化，相当于电平差 0 → 18dB 的变化。那么，Pan Pot 0° 到 ±90° 之间平均分布在扬声器立体声重放中的声像定位点 1/4、2/4、3/4、4/4、±90°=L 或 R；±135°= L 最大或 R 最大；显然，Pan Pot 旋钮在 ±90° → ±135° 之间无论如何调整，声像定位都停留在 L、R。这种情况与图 5-2 的 X/Y 拾音制式的声像定位十分相似。

　　至于什么乐器分配到什么位置在理论上没有规定，在实践中却有约定俗成的规则。

　　**音响平衡**　平衡是美学的基本原则，当然也是立体声音响的审美原则。平衡，涵盖了立体声音响审美原则中的其他原则，其他原则又要最终服从平衡。可以说平衡是基本原则。平衡是声音能量的合理分布，是指乐队、合唱队各个声部之间，乐队与合唱队、独唱、独奏之间的音响平衡。它不仅包括声音响度的平衡，还应包括声像分布中各声部在宽度和纵深的平衡和音色、混响等方面的平衡。当然，对平衡不应理解为像天平一样的平衡，绝对的平衡恰恰违反了美学原则。音响的平衡是按照一定的比例在运动中变化的平衡，各声部在平衡中此起彼伏，独唱独奏和乐队在平衡中有主有次。只有这样，才能形成匀称、和谐的音响美。

　　从技术层面讲，在多轨录音的后期"缩混"阶段，录音师对音响平衡的调整和把握主要是利用调音台上的音量电位器（也称"推子"）完成的。在调音台的"口子"、输入通道、输出母线、辅助输出等节点布满了各种音量电位器，对音响平衡的调整实际上是音量电位器对各节点电平的调整。那么，录音师对所有声音处理设备的调整几乎都是对电平的调整。所以，在对所有声音处理设备的调整过程中，切记不能破坏总体音响的平衡。

　　**声场塑造**　声音应是音响本身，而不是声音空间。但是声音一旦以音响的形式出现，便依赖声音空间而存在，声音空间也使声音得以建立。这个声音空间就是声场，它是声音的依托。在特定的声学环境中产生的声音音响必然带有特定的空间特质，如教堂、音乐厅、剧场等。音乐由于形式、体裁、风格的不同，对声场的要求也大相径庭，这是不言而喻的，语言和效果音响的声场就更具多样化。所以，对某声音形象塑造时，相应的声场便十分重要。遗憾的是，这一点往往被忽略。我们知道，在声场中，由于振动而发出的声音是向四周辐射声能的，声音的一部分直接传入我们的耳朵，还有一部分声音激励声场中的各种建筑材料，经过吸收、共振、反射等物理反应后再传入我们的耳朵。我们听到的音响是直达声、早期反射声、混响声的总和。虽然一般听众不能准确地分辨这些成分，但是长期的听音经验会有一个总体的空间感觉。所以只有对声场中的声音传播特征、厅堂容积，甚至建筑的几何形体进行准确的描绘，才能准确地塑造声音形象，诠释声音风格，烘托声音的美，使听众有身临其境的感觉，也就是所谓的"临场感""亲切感"。

　　声场塑造是多轨录音的后期声音处理阶段十分重要的环节，在这个环节录音师几乎无一例外地使用混响器、延时器等时间处理设备。声场塑造是对前期录制音乐素材的整体合理"包装"，故对所有量值的设定要十分慎重。一般来说，混响器参数的设定决定完整音乐表演事件发生的整体空间特性，而个别乐器加载混响量值的大小决定该乐器在空间的位置。这二者之间的关系一定要合理，要符合声音传播的规律，切忌随意。有些录音师当感到某一乐器（往往是声乐）音色不理想时，首先考虑调整混响量值，这样做会造成声音空间的不合理，破坏了整体声场塑造，甚至出现不合理的"多重空间"现象。

**音色调整** 音色是人们在主观感觉上区别具有同样响度和音高的两个音之所以不同的特性。它是声音中最小的表意因素，它的变化十分丰富，极具感情色彩和独特的感染力，由于音色给人的美感是妙不可言的，所以音乐家在追求音色完美上付出的努力是极大的；录音师也借助均衡器、声音激励器、混响器、压限器等手段去刻画"完美的"音色。但从物理学角度看，构成音色的物理因素十分复杂；从生理学角度看，人耳对音色的感觉过程也十分复杂；当然，从心理学角度看，对音色的感知就更加复杂。所以，对个体的人而言，音色的"美"与"丑"有极大的不确定性。只有经过严格训练的人才能对音色的"美"接近共识。在立体声音乐音响中，音色的美不仅指狭义的某一件乐器和人声具有的个性美，还包括整个乐队和人声在音色上整体的和谐统一美。

顶级的录音师致力于用选择传声器的类别和调整传声器的设置获得最佳音色。当然，对音色的调整在技术上也可以使用任何其他手段，可以使用几乎所有的声音处理设备。但是，只有对这些设备的工作原理有较深入的了解，并熟知各个设备的差异的录音师才有可能创造出"美"的音色。音色调整环节可充分体现录音师的功力。

**动态范围** 许多人将"动态范围"理解为纯技术术语，其实不然。音乐不像语言那样包含准确的内涵。音乐音响是一种模糊信息，声音的流转和情感的运动是在时间的载体上形成的，所以说音乐是时间的艺术。音乐的急缓、强弱等是随时间的流动而存在的：这就要求在技术处理上把握好"相对响度"和"绝对响度"。急中不"躁"，缓中不"滞"；弱时，不能被淹没；强时，不能引起失真。这是技术上的需要，也是艺术上的需要。

动态范围很难用设备调整，因而要求录音师在录音全过程自始至终关注声音信号的变化。

**透明度** 声音的透明度给人的美感是无以言状的，我们只好借用美术中"层次"这个术语来帮助理解音响中的透明度。透明度有时间和空间双重含义。空间的透明度指每个声部，以至于每一件乐器的分布要自然有序，既要有层次的变化，又要有很好的融合性。从微观上听，每件乐器要清晰可闻；从宏观上听，整个乐队又要浑然一体。时间的透明度指音乐进行中，各个声部递进的"层次"，即错落有致，又不能混淆不清。透明度还应包括声乐作品中语言的可懂度。

声音的透明度有时是难以言状的，它是声音空间感的另一种表现形式和表达方法，也可以说是上述所有声音处理的集合。

总而言之，多轨录音的声音后期加工处理阶段似乎十分复杂，每个录音师的处理手法也千差万别。笔者认为，录音师若在声音处理的每一个步骤首先考虑的不是是否"好听"，而是是否"合理"，其结果往往会更佳。

【思考题】

1. 多轨录音技术对前期录音有什么要求？

2. 多轨录音技术的后期加工处理应包括哪些方面？

3. 简述 Pan Pot 的工作原理。

4. 如何理解 Pan Pot 的旋转位置与声像定位的关系？

# 第七章　"混合"拾音方法

前面讨论的"时间差"拾音方法是利用立体声传声器系统拾取的声道间时间差完成立体声重放声像定位的；"强度差"拾音方法是利用立体声传声器系统拾取的声道间强度差完成立体声重放声像定位的。我们也可以通过立体声传声器系统传声器的设置，即拾取声道间的时间差，拾取声道间的强度差，这种拾音方法称为"混合"拾音方法。"混合"拾音方法是利用声道间的时间差和强度差共同完成立体声重放声像定位的，声像定位百分数是两个物理量的"和"。

我们知道，人在自然听音的情况下，当某一声源偏离听音人中轴线时，听音人就会判断出声源的方位。"双耳效应"理论认为：人耳对声源方位的判断是依据声源到达双耳的时间差、强度差、相位差和音色差。从理论上讲，"时间差"拾音方法和"强度差"拾音方法是利用声道间的某一种信号差完成立体声重放声像定位的。"混合"拾音方法即利用了时间差又利用了强度差来完成立体声重放的声像定位。在这个意义上，"混合"拾音方法拾取的声音更接近人自然听音状态下的声音。

"混合"拾音方法最大的优点是使用简单。一旦选择了"混合"拾音方法中的某一种拾音制式，也就确定了传声器系统的设置，无需再对传声器间距、主轴张开角度、拾音范围角度等进行调整。另外，"混合"拾音方法既保留了时间差拾音方法良好的厅堂特性，也保留了强度差拾音方法声像定位准确的优点。还有，"混合"拾音方法的立体声 / 单声道兼容性比 AB 拾音制式要好。用耳机做立体声重放时，"混合"拾音方法的声音也比另两种拾音方法好。可以说，"混合"拾音方法的声音比"时间差"拾音方法和"强度差"拾音方法更理想。

## 7.1 ORTF 拾音制式

ORTF 的命名是使用是法国电视台（Office de Radiodiffusion Télévision Française）的法

语缩写，因为法国这家电视台最早使用这种拾音制式而得名。

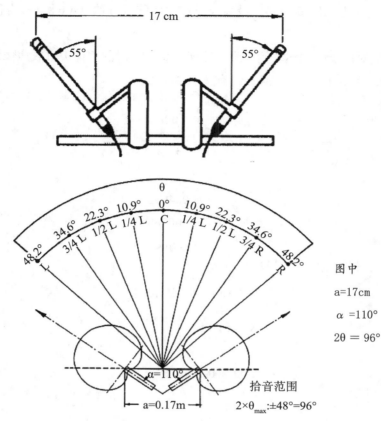

图中

a=17cm

$\alpha$ =110°

$2\theta$ = 96°

拾音范围

$2\times\theta_{max}$:±48°=96°

**图 7-1 ORTF 拾音制式示意图**

图 7-1 是 ORTF 拾音制式的传声器系统设置示意图。ORTF 拾音制式使用两个心形指向特性传声器；传声器间距是 17cm；传声器主轴张开角度是 110°。从 ORTF 拾音制式传声器系统的设置就可以分析出：两个传声器彼此拉开一定间距，以便拾取声道间的时间差，这带有 AB 拾音制式的特性；两个传声器使用心形指向特性传声器，并且主轴张开一定角度，以便拾取声道间的强度差，这带有 XY 拾音制式的特性。

ORTF 拾音制式的拾音原理是这样的，若声源从 $\theta_s=0°$ 方向入射，声源距两传声器距离相同，声音同时到达两传声器，声道间不存在$\Delta t$信息；声源对两个传声器而言 $\theta_{in}$ 角度也相同，声道间也不存在$\Delta L$信息，显然，在对这个信号进行立体声重放时，声像定位在两扬声器连线的中点 C 上。若声源 $\theta_s$ 偏离 0° 方向（$\theta_s=x°$），即声源向左（或右）移动，声源到达两传声器的距离就不同，声源向左偏移，到达左传声器的距离就近；声源向右偏移，到达右传声器的距离就近，声源到达两传声器的这个距离差$\Delta l$便产生了声道间的时间差$\Delta t$，在立体声重放时，声道间的$\Delta t$使声像定位向左（或右）偏移，声像定位的偏移方向和声源的偏离方向一致。同时，在 $\theta_s=x°$ 方向上的声源对于两个传声器而言 $\theta_{in}$ 角度是不同的，即两个传声器的输出电平不同，且声源移动方向传声器的输出电平高于另一个传声器，产生声道间的$\Delta L$。显然，在立体声重放时$\Delta L$使声像定位在$\Delta t$引起的声像定位偏移的基础上向同一方向继续偏移。最终声像定位偏移百分数是$\Delta t$和$\Delta L$声像定位百分数的"和"。

接下来我们对以上的阐述举例说明、计算当$\theta_s=48°$时的立体声重放声像定位百分数。

先计算$\Delta t$，将a=0.17m，c=343m/s代入公式4-3：

$$\Delta t= \frac{a}{c} \sin \theta_{in}$$

$$= \frac{0.17}{343} \times \sin 48°$$

$$=0.0004956 \times (0.7431)$$

$$=-0.000368s$$

$$\approx 0.37ms$$

再计算$\Delta L$，根据公式5-2、5-3、5-4：

$$\Delta L=20\lg XY dB$$

$$X=0.5+0.5\cos(\frac{\alpha}{2} + \theta_s)$$

$$Y=0.5+0.5\cos(\frac{\alpha}{2} - \theta_s)$$

即：

$$X=0.5+0.5\cos(55+48)°$$

$$=0.5+0.5\cos103°$$

$$=0.5+0.5 \times (-0.225)$$

$$=0.5+(-0.112)$$

$$\approx 0.388$$

$$Y=0.5+0.5\cos(\alpha/2-\theta_s)$$

$$=0.5+0.5\cos(55-48)°$$

$$=0.5+0.5\cos7°$$

$$=0.5+0.5 \times 0.9925$$

$$\approx 0.9963$$

$$\Delta L=20\lg XY dB$$

$$=20\lg \frac{0.388}{0.9963} dB$$

$$\approx -8.2dB$$

根据上述计算，得到ORTF拾音制式当声源入射角度为48°时，立体声传声器系统拾取到的声道间时间差为 0.37ms；强度差为 8.2dB。查表 4-2 "Δt 值与声像定位百分数对应值"得知 0.37ms 的声像定位百分数是 40%；查表 5-4 "ΔL 值与声像定位百分数对应值"得知 8.2dB 的声像定位百分数是 60%。ORTF 拾音制式的声道间信号强度差成分略大于时间差成分。因为 "混合拾音方法" 声像定位百分数是两个物理量的 "和"，所以，ORTF 拾音制式当声源入射角度为 48° 时，声像定位百分数达到 100%。也就是说，±48° 是 ORTF 拾音制式的拾音范围角度，拾音范围是 96°。

从对 ORTF 拾音制式声像定位的讨论中，可以进一步理解 "时间差" 和 "强度差" 共同完成声像定位的原理。我们知道声像定位百分数达到 100% 的 "纯" 时间差值是 1.5ms；"纯" 强度差值是 18dB。在使用 "混合拾音方法" 时，为了满足 100% 的声像定位，以保证在立体声重放中得到完全的声像，在减少时间差值的情况下，势必要增加强度差值；反之，在增加时间差值的情况下，势必要减少强度差值。

图 7-2 为不同声像定位百分数的 ΔL 和 Δt 的关系曲线。图中横坐标为 "时间差" 值，纵坐标为 "强度差" 值。当确定声像定位百分数时，便得到一条曲线，这条曲线描述了随着 "时间差" 值的增加（或减少）"强度差" 值相应较少（或增加）的规律。在曲线的任意一点，可得到相对应的 "时间差" 值和 "强度差" 值。

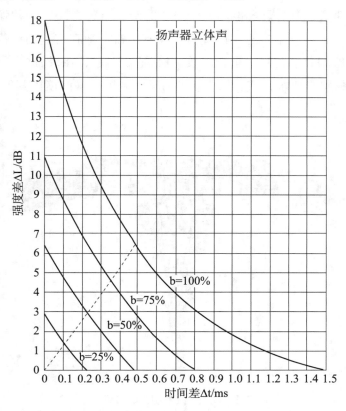

图 7-2　不同声像定位百分数的 ΔL 和 Δt 关系曲线

ORTF 拾音制式是目前在立体声录音中使用最为普遍的拾音制式，几乎在所有著名的音乐厅、歌剧院都设有 ORTF 拾音制式的立体声传声器系统。ORTF 拾音制式被广大录音师青睐的原因有两个。

**1. 声音信号自然**　因为 ORTF 拾音制式失去的声道间信号既有时间差信息，又有强度差信息，当然也必然有相位差信息，这些信息十分接近在自然听音状态下人耳捕捉到的声音信息的"原貌"，所以，使用该拾音制式拾取的立体声信号自然、逼真。

**2. 使用方便**　ORTF 拾音制式立体声传声器系统的设置是固定不变的，即该拾音制式的传声器指向特性、传声器间距、主轴张开角度从严格意义上讲都不允许调整，一旦调整，也就不称其为 ORTF 拾音制式了。正是由于这些设置的固定不变，也将拾音范围角度"锁定"在 ±48°。录音师在使用 ORTF 拾音制式录音时，只需将拾音范围角度与乐队的横向扩展外测相吻合便大功告成，其他不必劳神。ORTF 拾音制式的发明者经过反复试验而推荐的该拾音制式的传声器设置的成功之处就在于：如果按照上述方法选定的立体声传声器系统的位置，对于一般的厅堂而言，往往是混响声比例较合适的位置，这样的录音一般不会失败。这样事半功倍的拾音制式备受欢迎就不难理解了。

ORTF 拾音制式和本章将要讲到的其他拾音制式拾取的声音在厅堂特性、融合度、声像定位、立体声 / 单声道兼容性等方面与"时间差拾音方法"和"强度差拾音方法"相比较，既保留了这两种拾音方法的优点，又不可避免地存有这两种拾音方法的缺点。一般来讲，使用 ORTF 拾音制式录音比较"保险"。但是，在录音中，如果录音节目对上述指标有强烈的特殊要求，或者厅堂特性有某些缺陷，最好使用其他拾音制式以达到要求。

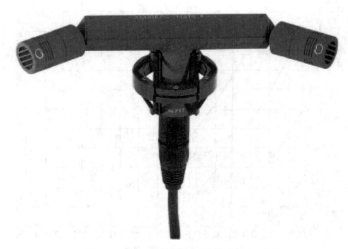

图 7-3　ORTF 拾音制式的常见组合

图 7-4　两款 ORTF 拾音制式组合 [1]

# 7.2　NOS 拾音制式

NOS 拾音制式的命名来自荷兰电视台（Nederlandsche Omroep Stichting）的荷兰语缩写，因为荷兰这家电视台最早使用这种拾音制式而得名。

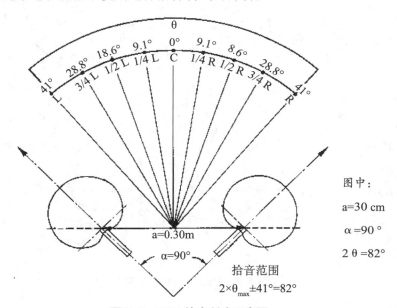

图 7-5　NOS 拾音制式示意图

图 7-4 是 NOS 拾音制式的传声器系统设置示意图。NOS 拾音制式使用两个心形指向特性传声器，传声器间距是 30cm，传声器主轴张开角度是 90°。

根据上述计算 ORTF 拾音制式"拾音范围角度"的方法，得到 NOS 拾音制式当声源入射角度为 41° 时，立体声传声器系统拾取到的声道间时间差为 0.57ms；强度差为 5.4dB。

---

① 资料来源：此图选自 Jörg Wuttke 著的 "Mikrofonaufsätze"，2000 年第 2 版。

查表 4-2 "Δt 值与声像定位百分数对应值"得知 0.57ms 的声像定位百分数是 57%；查表 5-4 "ΔL 值与声像定位百分数对应值"得知 5.4dB 的声像定位百分数是 43%。NOS 拾音制式的声道间信号强度差成分略小于时间差成分。NOS 拾音制式当声源入射角度为 41°时，声像定位百分数达到 100%。也就是说，±41° 是 NOS 拾音制式的"拾音范围角度"，拾音范围是 82°。

NOS 拾音制式的特点与 ORTF 拾音制式相同，这里不再赘述。

## 7.3 EBS 拾音制式

EBS 拾音制式是德国录音师 Ebenhard Sengpiel 提出的，所以以他的名字命名。

图 7-6 是 EBS 拾音制式的传声器系统设置示意图。EBS 拾音制式使用两个心形指向特性传声器，传声器间距是 25cm，传声器主轴张开角度是 90°。

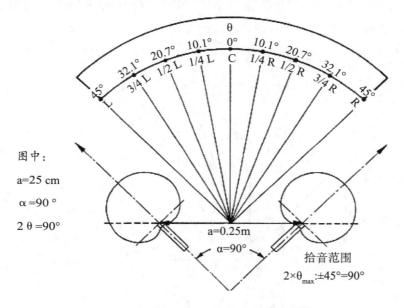

图 7-6  EBS 拾音制式示意图

根据上述计算 ORTF 拾音制式"拾音范围角度"的方法，得到 EBS 拾音制式当声源入射角度为 45° 时，立体声传声器系统拾取到的声道间时间差为 0.515ms；强度差为 6.02dB。查表 4-2 "Δt 值与声像定位百分数对应值"得知 0.515ms 的声像定位百分数是 53%；查表 5-4 "ΔL 值与声像定位百分数对应值"得知 6.02dB 的声像定位百分数是 47%。EBS 拾音制式的声道间信号强度差成分、时间差成分基本相等。EBS 拾音制式当声源入射角度为 45° 时，声像定位百分数达到 100%。也就是说，±45° 是 EBS 拾音制式的"拾音范围角度",拾音范围是 90°,且拾音范围与立体声传声器系统的主轴张开角度重合。这种设计理念很符合德国人的性格特点。

EBS 拾音制式的特点与 ORTF 拾音制式相同,这里不再赘述。

# 7.4 DIN 拾音制式

图 7-7 是 DIN 拾音制式的传声器系统设置示意图。DIN 拾音制式的名字由 "德国工业标准"(Deutsche Industrie Norman)的德语缩写而来,因为德国录音师最早使用这种拾音制式,并将这种拾音制式收入 "德国工业标准" 而得名。

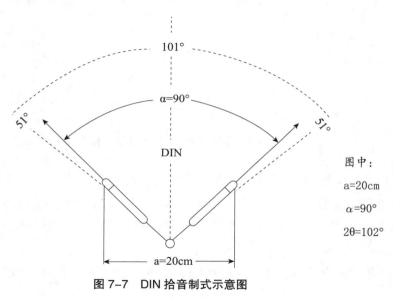

图 7-7 DIN 拾音制式示意图

DIN 拾音制式使用两个心形指向特性传声器,传声器间距是 20cm,传声器主轴张开角度是 90°。

根据上述计算 ORTF 拾音制式 "拾音范围角度" 的方法,得到 DIN 拾音制式当声源入射角度为 51° 时,立体声传声器系统拾取到的声道间时间差为 0.437ms;强度差为 6.96dB。查表 4-2 "Δt 值与声像定位百分数对应值" 得知 0.437ms 的声像定位百分数是 48%;查表 5-4 "ΔL 值与声像定位百分数对应值" 得知 6.96dB 的声像定位百分数是 52%。DIN 拾音制式的声道间信号强度差成分、时间差成分基本相等,这种设计理念也很符合德国人的性格特点。DIN 拾音制式当声源入射角度为 51° 时,声像定位百分数达到 100%。也就是说,±51° 是 DIN 拾音制式的 "拾音范围角度",拾音范围是 102°。

# 7.5 RAI 拾音制式和 OLSON 拾音制式

在"混合拾音方法"中还有一些其他拾音制式，如"OSLON 拾音制式"和"RAI 拾音制式"。图 7-8 介绍了属于"混合拾音方法"的六种拾音制式，供读者比较。

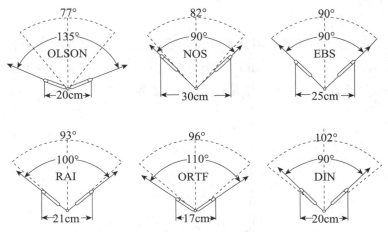

**图 7-8** "混合拾音方法"的六种拾音制式示意图

RAI 拾音制式是以意大利国家电视台的缩写命名的。

OLSON 拾音制式是著名声学专家 H.F.Olson 发明的，并以他的名字命名。H.F.Olson 曾还设计了专门用于 Walkman 的小型立体声传声器，该传声器系统使用两个锐心形的传声器，传声器间距是 4.6cm。

表 7-1 是"混合拾音方法"的六种拾音制式数据对照表。供读者参考。

**表 7-1** "混合拾音方法"的六种拾音制式数据对照表

| 拾音制式 | 传声器指向特性 | 主轴张开角度 | 传声器间距 | 拾音范围（角度） | | 声像定位 100% 时 ΔL 和 Δt 所占比例 | | | |
|---|---|---|---|---|---|---|---|---|---|
| | | | | | | $\Delta L$（dB） | % | $\Delta t$（ms） | % |
| OLSON | 心形 / 心形 | 135° | 20cm | ±38.5 | =77° | 8.31 | 61.0 | 0.365 | 39.0 |
| NOS | 心形 / 心形 | 90° | 30cm | ±41 | =82° | 5.35 | 42.3 | 0.568 | 57.7 |
| EBS | 心形 / 心形 | 90° | 25cm | ±45 | =90° | 6.02 | 46.8 | 0.515 | 53.2 |
| RAI | 心形 / 心形 | 100° | 21cm | ±46.5 | =93° | 7.04 | 53.4 | 0.443 | 46.6 |
| ORTF | 心形 / 心形 | 110° | 17cm | ±48 | =96° | 8.23 | 60.6 | 0.369 | 39.4 |
| DIN | 心形 / 心形 | 90° | 20cm | ±51 | =102° | 6.91 | 52.6 | 0.451 | 47.4 |

# 7.6 "混合拾音方法"的使用

"混合拾音方法"的这六种拾音制式在立体声传声器系统、使用方法及录音效果等方面差别不大，其中以 ORTF 拾音制式的使用最为普遍。

上述"混合拾音方法"的六种拾音制式的立体声传声器系统使用的都是心形指向特性传声器。它们之间的区别仅是"传声器间距"和"主轴张开角度"不同。

图 7-9 描述了在"混合拾音方法"中使用心形指向特性传声器时，"传声器间距"和"主轴张开角度"的关系曲线。图中横坐标为"主轴张开角度"，纵坐标为"传声器间距"。当确定了拾音范围的角度，便可在曲线上找到相对应的"传声器间距"和"主轴张开角度"。显然，设定的"传声器间距"越大，则应该将"主轴张开角度"的设置减小；反之，设定的"传声器间距"越小，则应该将"主轴张开角度"的设置增加。

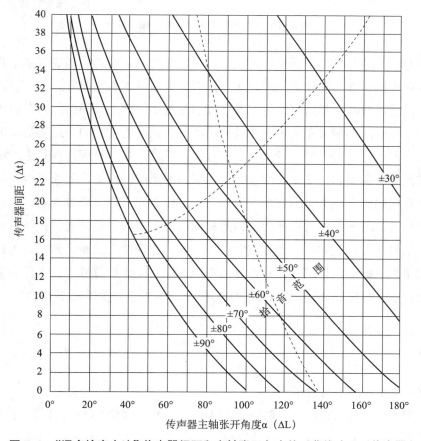

图 7-9 "混合拾音方法"传声器间距和主轴张开角度关系曲线（心形传声器）

在使用"混合拾音方法"的拾音制式时需要注意：形成"主轴张开角"的两个传声器

一定向外侧张开，绝对不可向内侧靠拢。参照图 7-10。

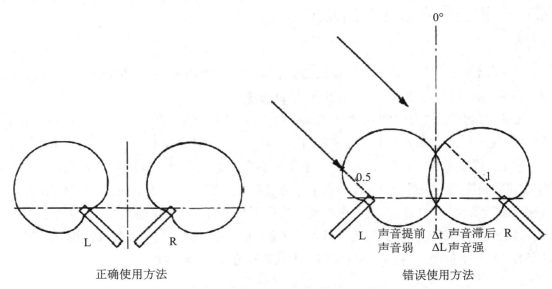

图 7-10　混合拾音方法的传声器使用

　　如图 7-10，图左侧的"混合拾音方法"传声器使用是正确的，形成"主轴张开角"的两个传声器向外侧张开。假如某一声源从立体声传声器系统的左前方入射，左面传声器拾取到的声音信号在时间上相对右面传声器是提前的，在强度上是强的；而右面传声器拾取到的声音信号在时间上相对左面传声器是滞后的，在强度上是弱的。这样拾取到的声音信号与人们在自然状态下听到的声音信号是一致的，符合立体声原理，在立体声重放中，由于左右声道间的时间差和强度差使声像定位在扬声器系统的左侧，还原了声音的方位。如果两个传声器向内侧靠拢，假如这个声源从立体声传声器系统左前方入射，左面传声器拾取到的声音信号在时间上相对右面传声器是提前的，在强度上却是弱的；而右面传声器拾取到的声音信号在时间上相对左面传声器是滞后的，在强度上反而是强的。人们在自然状态下不可能听到这样的声音信号，有悖立体声原理，在立体声重放中，不可想象这个声音定位在什么位置，肯定不能还原声音原来的位置。所以，这个问题一定注意。

## 【思考题】

　　1. 简述"混合"拾音方法的特点。

　　2. 在"混合"拾音方法中，如何使时间差或强度差值的变化不影响"完全声像定位"？

# 第八章　人头立体声方法

到目前为止，我们介绍的所有拾音制式都是使用扬声器立体声重放系统进行立体声重放的。在扬声器立体声重放系统中引起声像偏移的原因是声道间的时间差、强度差和相位差。在 1.3 "双声道立体声的分类"中我们称这种在扬声器立体声重放系统中，依靠声道间的时间差、强度差和相位差完成立体声重放声像定位的立体声为房间立体声。

我们知道，在自然听音状态下，人耳对声源方位的判断除了依靠时间差、强度差和相位差三个因素外，还依靠音色差。"房间立体声"的所有拾音制式都无法拾取到声道间的"音色差"信息。那么，如果想在时间差、强度差和相位差的基础上，再拾取到声道间的音色差，就要在录音中采用人头立体声。

人头立体声与房间立体声的本质区别是：房间立体声必须使用扬声器进行立体声重放；人头立体声必须使用耳机进行立体声重放。

## 8.1　音色差

声学理论认为：前进中的声音遇到几何尺寸大于或者等于声波波长的障碍物时，该障碍物就会对声波的前进起阻碍作用，这种现象称为遮蔽效应。由于遮蔽效应的作用，在障碍物后面会形成一个声阴影区。但是，声波可以绕过几何尺寸小于声波波长的障碍物，这种现象称为绕射效应。声波的遮蔽效应和绕射效应都与该声波的波长相关，也就是与该声音的频率相关。李保善先生在《立体声应用技术》[①] 中对这一现象进行了较详尽的阐述。

如图 8-1 所示：如果一点声源在人头的右前方发声，由于绕射效应，低频声可以绕过人的头部而到达被遮蔽的左耳朵。由于人头部直径大约为 $17 \sim 20cm$，低频声到左耳多走的路程很有限，绕射的损失很小，因而偏离中轴线的低频声声源，到达两耳的声级差几乎为零。可是对于频率较高的声波，则不能绕过头部，所以到达被遮蔽的左耳朵的声级将由

---

① 李保善. 立体声应用技术 [M]. 上海：上海科学技术文献出版社，1982.

于声阴影区的存在而低得多，且频率越高，声源偏离人头中轴线的角度越大，声级也就低得越多。

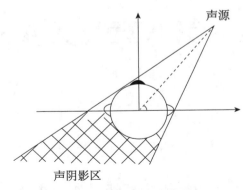

图 8-1　遮蔽效应示意图

　　所以对某一个固定大小的障碍物而言，绕射效应使低频通过，而遮蔽效应挡住了高频。由于绕射效应和遮蔽效应，强度差里包含了音色差的概念。那么双耳间的强度差主要是指高频，而不是低频。同时我们还注意到另一个事实，自然界中纯音是很少的，大部分是频谱复杂的声音。对于低频声，它的基音和低次泛音很可能产生绕射现象，而高次泛音则被头部遮蔽。因而到达一只耳朵的声音是原来的音色，到达另一只耳朵由于遮蔽效应使高次泛音强度明显降低，而使音色发生变化，这就叫音色差。音色差用 $\Delta f$ 表示，它是不同频率的另一种表现形式。

　　综上所述，音色差作为强度差的又一种表现形式，对听音人判断声源方位也起着重要作用。

　　我们从第四章到第七章中讨论的在所有拾音制式中 $\Delta L$ 的获得完全是利用传声中的指向特性和立体声传声器系统的主轴张开角度，与音色差无关，也就是说没有考虑人头的遮蔽效应。这不得不说是个缺憾。

　　房间立体声的另一个缺点是在用扬声器进行立体声重放时，左扬声器发出的声音也会被右耳接收，右扬声器发出的声音也必然会被左耳接收，这在某种程度上造成声像的混乱。还有听音房间的声学特性对重放也有影响，因为用听音房间的声场对原有录音声场进行再造，难免引起声音的失真。

　　由于这些原因，人们发明了人头立体声方法。在人头立体声方法中，拾取的声道间信号不仅存在时间差、强度差和相位差，而且增加了音色差信息，使立体声信号更加接近人在自然听音状态下听到的声音。而且人头立体声方法的录音要求使用耳机进行立体声重放，也避免了由于听音房间特性造成的信号畸变。

　　本章将介绍几种拾音制式，它们实际上是几种特殊的传声器装置。

## 8.2 OSS 拾音制式

OSS 拾音制式是德语"Optimales Stereo Singnal"的缩写，发明人是瑞士广播电台的 Jeklin 先生。因该拾音制式的立体声传声器系统中使用了一个圆盘，故也称"Jeklin 圆盘"或称"Jeklin 障板"。

图 8-2 为 OSS 拾音制式的示意图。该拾音制式的立体声传声器系统的设置是基于以下因素考虑的：

1. 使用两个全方向特性传声器，以获得良好的音响平衡和声音深度感。

2. 两个传声器间距为 17cm，模拟普通人两耳的间距拾取到声道间的时间差信息。

3. 为了获得声道间的音色差信息，在两个传声器之间设置了一个直径 30cm 的圆盘（声障板），声障板表面用特殊材料进行处理。根据声音入射角度的不同，由于声障板的声遮蔽作用致使两个传声器拾取声道间的音色差信息。声障板的设计使声音频率一般在 150Hz 以上产生音色差。随着声音频率的升高，围绕声障板产生的声绕射现象加强，两声道间声隔离逐渐提高，即产生与频率相关的 ΔL 信息逐渐加强。

4. 使用 OSS 拾音制式录制的声音节目源要求最后用耳机进行立体声重放（OSS 拾音制式是人头立体声方法中唯一可兼容扬声器立体声重放的拾音制式）。

OSS 拾音制式不仅能获得很好的音响平衡，而且可以正确地重放音乐宽度和深度，还有很好音色差特性。OSS 的德语原意是"理想的立体声信号"，从其拾音制式的命名可以体会到发明者的设计理念、领悟到发明者的追求。

在使用 OSS 拾音制式时，一般不使用辅助传声器，避免破坏整个系统的特性。

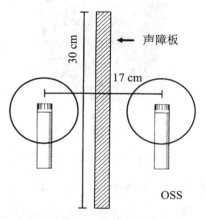

图 8-2  OSS 拾音制式示意图

图 8-3  OSS 拾音制式 [1]

## 8.3  人工头（仿真头）拾音制式

人头的形状是十分复杂的，人的耳朵、眼窝、鼻子等的形状都会对偏离人头中轴线的声音产生影响，造成到达双耳声音信号的差异。为了逼真地再现人耳听到的声音，人们发明了人工头拾音制式，也称仿真头拾音制式。

图 8-4  人工头拾音制式 [2]

人工头拾音制式是用木料和塑料制成的假人头形状，直径 17 ～ 21cm，在耳道的末端分别装有两个全方向特性传声器，两个传声器的输出分别馈送到立体声的左右通道。

---

[1]  资料来源：此照片选自 Jörg Wuttke 著的 "Mikrofonaufsätze"，2000 年第 2 版。
[2]  资料来源：此照片选自 Gerhart Boré 和 Stephan peus 合著的 "Mikrofone für Studio-und Heimstudio-Anwendung"。

人工头可以说是仿生学在电声技术领域的应用。它拾取的声音能很好地描述头部的遮蔽作用，来自偏离中轴线的声音信号在左右声道产生与频率相关的$\Delta L$，两传声器的间距致使拾取到的声音产生$\Delta L$、$\Delta t$、$\Delta \varphi$和$\Delta f$。试想一下，把这样的声音信号送到立体声耳机去听，实际上，就相当于听音人在人工头位置听音。所以，使用这种拾音制式的录音临场感非常好，双耳间的声音信息也十分丰富、真实。

使用这种方法的录音节目源必须使用耳机进行立体声重放，而不能用扬声器进行立体声重放，否则立体声效果将受到很大的影响。[参考 9.2"房间（扬声器）立体声和人头（耳机）立体声的区别"]

人工头立体声的设计思想在 1932 年就被提出，但是由于当时耳机重放质量差，这种制式无法推行。进入 20 世纪 70 年代，耳机的声音质量已超过扬声器，才使得这种制式得到发展。在英国、德国都有使用人工头制式录音的立体声广播，也大量发行人工头录制的磁带和 CD 制品。在这些磁带和 CD 的封面上标有"人工头"或耳机的标记，以提醒消费者使用耳机进行立体声重放。

# 8.4　真人头拾音制式

真人头拾音制式的原理同人工头拾音制式相同，都是利用人头的遮蔽效应拾取声道间的时间差，而二者的区别是真人头拾音制式是借助听音人自己的人头进行录音。录音人在耳道口佩戴两个微型传声器，就同人戴耳机一样，录音的效果同人工头录音相同。需要注意的是录音时人头不可晃动，否则重放声像就会混乱，录音时不能出噪声，尤其注意不能出现衣服的摩擦声。另外，录音时，录音人应该选择厅堂最好的听音位置录音。当然重放时也必须使用耳机作立体声重放。

图 8-5　真人头拾音制式 [①]

---

① 资料来源：此照片选自 Gerhart Boré 和 Stephan peus 合著的 "Mikrofone für Studio-und Heimstudio-Anwendung"。

## 8.5　球面拾音制式

　　球面拾音制式的立体声传声器系统利用一个直径 20cm、表面较粗糙、质地较硬的圆球模拟人头，在圆球的两侧安放两个特殊的同人耳频率特性一致的全方向传声器。该传声器也称"球面传声器"。

图 8-6　球面拾音制式 [1]

## 8.6　SASS（CROWN）拾音制式

　　SASS 拾音制式使用造型奇特的物体造型，物体表面作特殊的声吸收和反射处理，在该物体两侧、间距 17cm 处安放两个界面传声器。该拾音制式是在"房间立体声"中唯一使用界面传声器的拾音制式，显然它具有与众不同之处。此拾音制式因为是美国（CROWN）公司生产的，所以也称为"皇冠拾音制式"。

图 8-7　SASS（CROWN）拾音制式 [2]

---

[1]　资料来源：此图选自 Jörg Wuttke 著的 "Mikrofonaufsätze"，2000 年第 2 版。

[2]　资料来源：此照片选自 "Crown" 公司网站。

# 8.7 CLARA 拾音制式

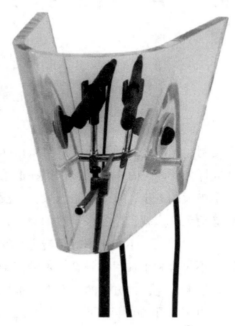

图 8-8 CLARA 拾音制式 [①]

CLARA 拾音制式的立体声传声器系统十分漂亮，以发明者夫人的名字命名。该装置使用透明的有机玻璃模拟人头的造型，在两侧安放两个特殊的全方向特性传声器。

以上介绍的这些"人头立体声"的拾音制式虽然传声器系统的构成略有不同，但拾音原理却是一样的，都是利用拾取到的声道间的 $\Delta L$、$\Delta t$、$\Delta \varphi$，加上音色差 $\Delta f$ 追求真实的立体声效果。

这些拾音制式使用简单，立体声效果真实。在使用中一般不使用辅助传声器，以保证立体声效果。还有一点切记，在立体声声像定位的意义上，使用"人头立体声"拾音制式的录音只能使用耳机作立体声重放。

【思考题】

1. 如何理解"音色差"？

---

① 资料来源：此照片选自 Jörg Wuttke 著的 "Mikrofonaufsätze"，2000 年第 2 版。

# 第九章　立体声声音信号的特性

世间任何事物的模仿和复制，无论人们做多么大的努力，都不可避免地与事物的本原之间存有差异。立体声录音同样如此。一百多年来，人类在追求"记录"美妙的声音方面进行了不懈的努力，也取得了极大的进步，人们无法想象：若没有录音技术，我们的生活会是什么样子。但是，我们必须承认，就目前的录音技术而言，被"记录"的声音于自然界中的声音尚存在很大的差异。我们大可不必试图对声音进行完全一致的"再造"，但是，清楚地认识二者之间的区别，不仅有利于在目前录音技术的基础上提高录音质量，也必然有利于录音技术更大的进步。笔者认为，这方面的"潜力"是很大的。

本书从第四章到第八章一共介绍了 20 种不同的拾音制式，根据它们各自声音信号记录方法和理念的差异，对它们进行了分类，以便于理解和研究这些不同的声音信号之间所具有的共性和内在联系以及它们各自"独有"的特性。

## 9.1　不同拾音方法拾取声音信号的区别

"双耳效应"理论认为：人在自然听音状态下，由于双耳间的距离，导致偏离人头主轴方向的声源到达双耳的信号存在时间差、相位差、强度差和音色差信息。在录音技术中，立体声拾音技术就是研究如何将人耳听音时的声音方位信息记录下来。在第二章"立体声重放的听音"中我们曾介绍过，在立体声拾音中，由于传声器的设置不同，便产生了不同的拾音方法。比如，"房间立体声"中的"时间差拾音方法"拾取声道间时间差和相位差信息；"强度差拾音方法"拾取声道间的强度差信息；"混合拾音方法"拾取声道间的时间差、相位差和强度差信息；而"房间立体声"中的拾音制式拾取时间差、相位差、强度差和音色差信息。可见，对同一个声音信号，不同的拾音方法拾取的信号是不同的。

我们认为，就"听音"而言，自然界中的声音信号之间存在着差别，它们分别是：时间差 $\Delta t$、强度差 $\Delta L$、相位差 $\Delta \varphi$ 和音色差 $\Delta f$。这些差别是区别一个声音信号与另一个声音信号之所以不同的自然属性，是人们在听音活动中感知的声音信号的物理属性的外部表象。

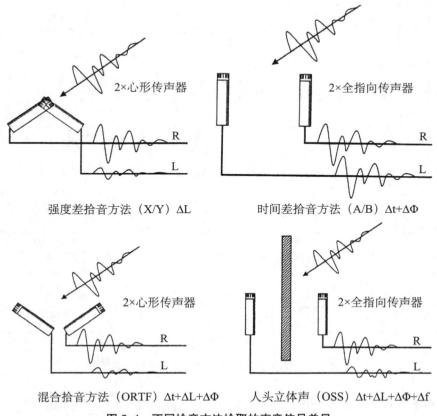

图 9-1　不同拾音方法拾取的声音信号差异

　　我们目前的立体声录音技术就是依靠拾取声道间的这些"差"信息塑造和再现声音的空间特性。但是，我们不必真实地记录和重放所有这些声音"差"信息，利用不同的录音技术（拾音制式）拾取全部或部分"差"信息，便可"模拟"自然界声音空间感的形态。

## 9.2　房间（扬声器）立体声和人头（耳机）立体声的区别

　　图 9-2 和 9-3 是房间立体声和人头立体声拾音和立体声重放示意图。二者各自的特点和区别如下：

　　1. 房间（扬声器）立体声

　　（1）利用传声器的不同设置（传声器指向特性、传声器间距、主轴张开角度等）构建立体声传声器系统。一般情况下，这些设置可以调整，以满足录音的需要。

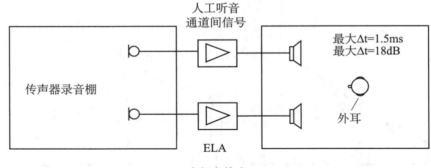

图 9-2　房间立体声拾音和立体声重放示意图

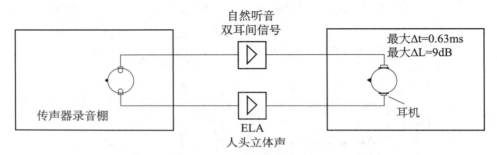

图 9-3　人头立体声拾音和立体声重放示意图

（2）在拾音和声音信号处理过程中，使用的声音信号称为"通道间信号"。

（3）立体声听音使用扬声器立体声重放系统。

（4）"通道间信号"不完全地利用人在自然听音状态下的双耳间"差"信息。立体声重放时，达到100%声像定位的"差"信息为：

△ t=1.5ms。

△ L=18dB。

这些值是实验数据。

（5）利用"双耳效应"理论进行声像定位，整个系统同人自然听音时的情况接近，事实上也仅仅是接近而已，参照图9-4，听音时，由于在扬声器立体声重放系统中两扬声器到达听音人双耳的信号的声音信号产生"叠加现象"，这与人在自然听音时的情况不同，因而，听音受听音房间声学特性的影响较大。

（6）由于声音信号受人为的因素影响较多，只能对声场进行粗线条的描述，所以有人称房间立体声为"人工听音"。

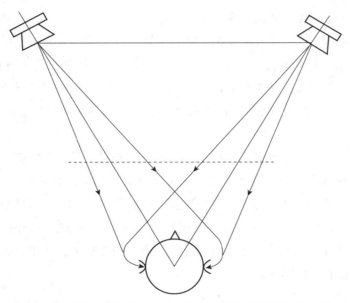

图 9-4　扬声器立体声重放中听音人双耳信号的叠加示意图

2. 人头（耳机）立体声

（1）利用立体声传声器装置构建立体声传声器系统，这些装置实际上就是某种立体声传声器。这些装置由生产商定型，在使用中无法调整。

（2）在拾音和声音信号处理过程中，使用的声音信号称为"双耳间信号"。

（3）立体声听音使用耳机立体声重放系统。

（4）"双耳间信号"完全地利用人在自然听音状态下的双耳间"差"信息。立体声重放时，达到 100% 声像定位的"差"信息为：

△ t=0.63ms。

△ L=9 dB。

这些值接近人自然听音情况下的实际数据，且△ L 随频率变化而变化。

（5）利用"头中效应"理论进行声像定位，整个系统同人自然听音时的情况几乎一致，听音时，一直在封闭状态下进行，不受其他声学条件干扰，也不受听音房间声学特性的影响。

（6）由于声音信号几乎不受人为因素的影响，对声场描述比较准确，所以有人称房间立体声为"自然听音"。

由此可见，房间立体声和人头立体声是两个机理完全不同的两套拾音和听音系统，不能将这两套系统混为一谈。在严格理论意义上，这两种立体声方法录制的节目源不能兼容。因为：

（1）如果将使用房间立体声录制的节目源用耳机重放，声像定位不准确，声像向两耳方向分离。

（2）如果将使用人头立体声录制的节目源用扬声器重放，会使低频向两扬声器中间集中，高频向两扬声器靠拢，造成声像定位的混乱。

在学术上将房间立体声和人头立体声两种立体声方法截然分开不无道理，但笔者认为有些武断，因为这是用两种立体声方法录制的声音，二者毕竟有许多共同之处和内在联系。科学家们也一直在寻找使两种立体声方法兼容的办法，但目前没有成功的例子。但实践证明，使用人头立体声中 OSS 拾音制式录制的节目源用扬声器做立体声重放时，效果还是比较理想的。

在实际生活中，大众早已将这两种立体声方法"兼容"了。人们将大部分用房间立体声方法录制的节目源用随身听聆听，这也无可厚非。尤其从受众接受节目内容的角度看，此举"毫发无损"，当然，这时人们对声像定位不仅不会"苛求"，而且绝大部分人往往对此毫不知晓。但是，经常发现有些录音师在使用房间立体声方法录音时，尤其在"缩混"阶段习惯用耳机监听。如果他们在鉴别声音的品质和检查噪声，那很有必要；但如果在评价声像定位，这显然是错误的。

## 9.3 不同拾音制式扬声器立体声重放声音信号的畸变

立体声技术的意义就在于它能够将在某一声学环境中声音随时间变化的情况记录下来，并在立体声重放系统中再现。在这个再现过程中，声音方位无疑是很重要的信息。一般情况下，我们当然追求声音方位的真实再现。可是，由于立体声传声器系统设置的不同，拾取的声音信号成分不同，难免造成声像定位的畸变。了解不同拾音制式拾取的声音信号在立体声重放中的畸变对在特定情况下选择拾音制式是有益的。关于人头立体声耳机立体声重放的声像定位声音畸变问题在 2.3 节中已提及，不再赘述；而且在人头立体声中，在重放中使用不同拾音制式的录音节目源，声像定位畸变的情况是几乎相同的，讨论的意义不大。在这一节主要讨论房间立体声中，不同的拾音制式拾取的声音信号在扬声器立体声重放中声音信号的畸变。

### 9.3.1 水平方向的声像定位畸变

与单声道录音技术相比，立体声录音技术最大的进步是获得了在水平方向的声音方位信息。这个进步是人们对音响审美要求的提高，也是科学技术在音响领域的革命。所以，录音师们对立体声录音中水平方向的声像定位问题十分关注，也常常被声像定位的畸变困扰。

在扬声器立体声重放系统中，声音在水平方向的声像定位畸变一般包括"声像还原准确度"和"声像定位准确性"两个层面的内容。二者有密切的相关性，并相互影响和制约。但是，也绝不可以将二者混淆。

### 9.3.1.1　声像还原准确度

声像还原准确度指某一点声源（乐队中某一件乐器）在扬声器立体声重放系统中的声像体积再现与该声源在乐队中声音体积原状相比较的吻合程度。显然，最理想的体积再现是还原原来声源体积的大小，这样的还原称为"声像准确"。如果某一点声源的声像在重放中被放大，则称为"声像模糊"。"声像还原准确度"也是"声像定位畸变"的一种表现形式，但是为了区别录音师们对"声像定位"在约定俗成意义上的理解，这里使用"声像还原"，以示区别。

一般情况下，声像在重放中只可能因为模糊而被放大，不可能被缩小。当然，因为重放系统中两个扬声器的间距远远小于声源的宽度（比如舞台演出）而导致整体的、按比例的缩小不在此讨论之列。另外，所谓的"大嘴效应"也不在此讨论之列。"大嘴效应"是由于拾音范围角度设定不当造成的，与使用的拾音制式无关。而这里讨论的"声像还原准确度"是拾音制式本身的特性，一般情况下，由此产生的声像还原畸变是无法克服的。

声像还原准确与否特指原声源在重放系统中"声音造型"的畸变程度；至于声像定位是否准确，即原声源在重放系统中"声音位置"的畸变不在此列（见 9.1.2.2）。

声像体积还原是否准确用"声像还原准确度"表示。最准确的声像还原用系数 0 表示，最不准确（模糊）的声像还原用系数 1 表示。从系数 0 到系数 1 声像还原逐渐模糊。

图 9-5 中的三条曲线描述了不同拾音方法的声像还原准确度情况，图中纵坐标为声像准确度系数。

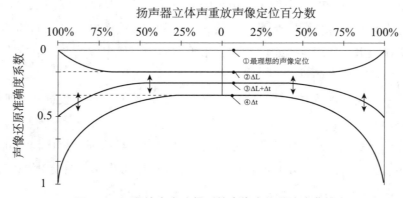

图 9-5　不同拾音方法得到的声像定位准确度曲线

①是一条直线，是最理想的声像定位。就目前的立体声技术还无法达到这样理想的状态。

②是强度差拾音方法声像还原准确度曲线。该拾音方法的特点是两侧声像还原十分准确，接近理想值。在声像定位百分数 ±0 → ±70% 之间声像还原有些模糊，但在这一区域模糊程度比较一致，而且并不严重。

③是混合拾音方法声像定位准确度曲线。总体上，该拾音方法的声像还原比强度差拾音方法的声像还原模糊。该拾音方法的特点是中间声像还原较准确，两侧声像还原从 ±60 ～ 100% 相对中间区域逐渐模糊。

④是时间差拾音方法声像定位准确度曲线。相对以上两种拾音方法，时间差拾音方法声像还原最不理想，两侧声像还原准确度更差，且中间声像还原相对准确的区域很小。

图 9-6 将声像还原处于两个极端的强度差和时间差拾音方法声像还原准确程度作比较。该图描绘了某一个具有一定体积的点声源因在声场中位置不同，而导致在立体声重放中声像还原准确度不同的情形。该图更形象地解释了"声像还原准确程度"的概念。

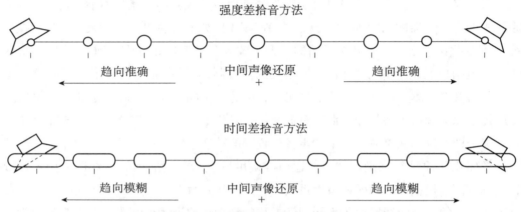

图 9-6　强度差和时间差拾音方法声像还原准确性比较示意图

说明一点，本节讨论的"声像（点声源的体积）还原"畸变不仅表现在立体声重放的水平方向，也表现在纵深方向。但是，听音人对这种"畸变"在水平方向的感知比在纵深方向的感知明显得多，所以将这个问题在"水平方向的声像定位畸变"中讨论。

### 9.3.1.2　声像定位准确性

这里的"声像定位准确性"就是指在本书中一直讨论的，在一般意义上理解的"声像定位"概念。

声像定位准确性是指在立体声重放系统中再现的声像与原声源相比较空间位置的还原程度，即"声音空间位置"的畸变程度。声像位置还原得准确，称为声像定位准确；反之，则称为声像定位不准确。

声像定位准确性揭示了某一个点声源（如一件乐器）的声像位置畸变情形，也揭示了整个乐队整体的声像位置畸变趋势。

声像定位准确性讨论因拾音制式本身特性而导致的声像位置畸变，这种畸变是相对稳定的、固定的。可以说，选定了某种立体声拾音系统的传声器设置，就决定了必须接受相应声像位置畸变的结果，它是不以录音师的主观愿望为转移的客观事实。

在这个意义上，所谓的声像漂移现象不在此讨论之列。声像漂移现象似乎与声像定位畸变相似，但前者指某一点声源在立体声重放中的声像定位飘忽不定，所以称其为"漂移"。另外，声像漂移现象的产生与拾音制式并没有必然的联系，它产生的机理也比较复杂。

声像定位准确与否在声像定位畸变中是很好理解的问题，也是录音师们十分关注的问题。图 9-7 中介绍了一些常用的拾音制式因传声器设置不同导致的声像定位畸变的情况。图 9-7 列举了三种拾音方法，即强度差拾音方法、"混合"拾音方法和时间差拾音方法的 13 种不同传声器设置，以此直观地描述了某一点声源声像位置畸变情形，也使整个乐队整体的声像位置畸变趋势一目了然。

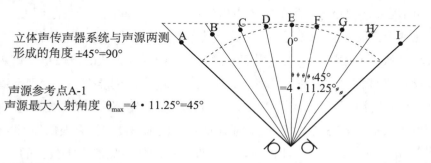

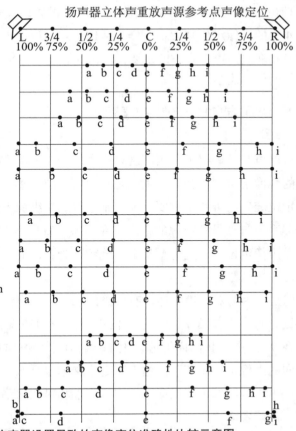

**图 9-7　常用拾音制式的传声器设置导致的声像定位准确性比较示意图**

对照分析图 9-5 和图 9-4 可以进一步理解声像还原准确度和声像定位准确性的区别。二者从两个不同侧面揭示了在扬声器立体声重放系统中声音在水平方向的声像定位畸变。可以这样理解：声像还原准确度是在"点"上的声像畸变，其表现形式是声像体积的"膨胀"；声像定位准确性是在"面"上、在空间上的声像畸变，其表现形式是声像位置的"迁移"。二者之间具有一定的相关性，也有条件的相互作用，但是，切不可以将二者混为一谈。

图 9-7 似乎表明：强度差拾音方法具有声像向中间"靠拢"的趋势，且两个传声器形成的主轴张开角度 α 越小越明显；时间差拾音方法具有声像向两侧"分离"，即所谓的"中间空洞现象"的趋势，且两个传声器形成的传声器间距 a 越大越明显；而"混合"拾音方法这两个方面的声像畸变都不明显，且各个拾音制式的差别也不大。

必须承认，上述情况在某种程度上揭示了不同拾音方法的声像定位畸变规律。但是，如果以此得出哪种拾音方法（或者拾音制式）声像定位更准确的结论则是错误的。因为，在图 9-7 中，声源宽度是固定不变的，立体声传声器系统距声源的距离是不变的，乐队扩展范围也固定不变。在立体声传声器系统的拾音范围角度并没有根据外侧距传声器系统的角度进行相应的调整前提下评价声像定位准确性的优劣显然是不公正的。如果根据拾音范围理论调整立体声传声器系统的传声器设置以使拾音范围角度 $\theta_{max}$ 与乐队宽度重合，图 9-4 中的声像定位则大不一样。从这一点的讨论中，可以进一步理解"拾音范围"理论的意义和在立体声录音中的重要性。

## 9.3.2 纵深方向的声像定位畸变

与单声道录音相比，双声道立体声录音在纵深方向的声像定位改善不大。二者在纵深方向的声像定位都比较好，也就是常说的"层次感"好。在双声道立体声中，纵深方向的声像定位准确与否并不重要，即使希望得到在纵深方向的准确声像定位，只要调整立体声传声器系统与被录音声源的距离（在不顾及直达声 / 混响声比例的情况下）就会得到满意的纵深声像定位。在这个意义上，笔者认为：研究"真正"纵深方向声像定位畸变的意义不大。

但是，因为双声道立体声有较强的水平方向声像定位能力，那么，在纵深方向的每一个层面，每一个梯度上的水平方向声像定位问题就必须考虑，并应该研究它们的变化规律。在 9.3.1 中，我们详细地讨论了声音在水平方向声像定位的畸变，本节拟讨论的"纵深方向的声像定位畸变"问题在一定意义上也是水平方向声像定位问题，其准确的定义是声源在纵深方向的不同层面、不同梯度上相对的水平方向声像定位的畸变。这一点有必要说明，让读者清楚。

理想的声音在纵深方向的声像定位应该是这样的：假如一听音人位于音乐厅最好的位置（一般情况下，在观众席 6-10 排的正中间）聆听音乐，位于听音人前方中轴线任意纵深的点声源的声音在扬声器立体声重放系统中都应该声像定位在两扬声器连线的中点 C 上，即声像定位 0%，这一点，使用任何拾音制式都可以做到。

那么，偏离听音人中轴线某一角度任意纵深的点声源的声音在扬声器立体声重放系统中也都应该声像定位在一固定的声像定位百分数上，且随着声源偏离听音人中轴线角度的增加，在该角度任意纵深的点声源的声音都应该得到相同的声像定位百分数的增加。在任意角度上，即在某一声像定位百分数上，随着纵深距离的增加，声像定位百分数应该不改变，以保证在重放中的准确声像定位。如果在任意角度上，随着纵深距离的增加，声像定位百分数改变，即出现声音在纵深方向的声像定位畸变。

分析图 9-8（见 P124），我们可以得出结论：

1. 强度差拾音方法纵深方向的声像定位准确。因为强度差拾音方法根据声道间的强度差ΔL 决定声像定位。ΔL 仅随声源入射角度的改变而改变，与纵深距离无关。图 9-8 ①中使用的是 8 字形传声器，所以在 90 度轴的下方得到相同的"镜像"声像。

2. "混合"拾音方法纵深方向的声像定位发生了畸变，原因是"混合"拾音方法中部分声道间时间差信号，但纵深方向的声像定位畸变并不严重。图 9-8 ②中使用的是背面灵敏度较低的心形传声器，所以在 90 度轴的下方因声道间ΔL 不充分（远小于 18dB），导致声像定位很窄，且总电平很低，一般情况下，这个信号（混响声除外）无法使用。

3. 时间差拾音方法纵深方向的声像定位畸变比较严重。其原因是由时间差拾音方法中的"放大镜效应"（参照 4.1.5 一节）引起的。图 9-5 ③中使用的是全方向传声器，所以在 90 度轴的下方得到相同的声像，但不是"镜像"声像，即立体声传声器系统的 0 度轴左侧拾取的声音信号定位在左扬声器上，反之，则定位在右扬声器上。

在 9.3 节中我们讨论了"不同拾音制式扬声器立体声重放声音信号的畸变"问题。"声音信号的畸变"远比上述讨论要复杂得多。例如，某点声源由于"声像还原准确度"不好，势必影响"声像定位准确性"，其结果是"水平方向的声像定位畸变"，由于这个畸变的原始特征是声源声像变得模糊，声源的体积被"放大"，必然导致该声源的声像"后退"，又造成声音"纵深方向的声像定位畸变"（注意：人们已经十分习惯在视觉世界中物体"近大远小"的透视规律。但是，在声音世界中，声像的"透视"规律为"近小远大"）。因此我们可以得出结论：声音信号在立体声重放系统中的"声像畸变"各种表象是一个问题的诸多方面，无法将它们清楚界定，在考虑"声像定位畸变"问题时更不应该将诸多方面割裂开来。

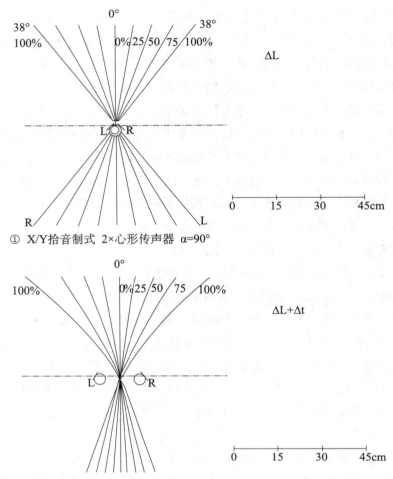

① X/Y拾音制式  2×心形传声器  α=90°

② ORTF拾音制式  2×心形传声器  α=17cm α=110°

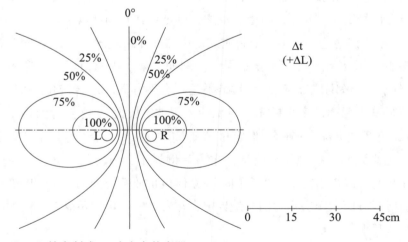

③ A/B拾音制式  2×全方向传声器  α=15cm

图 9-8  三种拾音方法的纵深方向的声像定位畸变比较示意图

①强度差拾音方法的 X/Y 拾音制式：2×8 字形传声器，α ＝ 90°。

②"混合"拾音方法中的 ORTF 拾音制式 2× 心形传声器，a ＝ 17cm，α ＝ 110°。

③时间差拾音方法中的 A/B 拾音制式：2× 全方向传声器，a ＝ 15cm。


# 9.4　主传声器和辅助传声器


　　本书到目前为止讨论的所有拾音制式都使用两个传声器拾音（其中 Decca Tree 拾音制式使用三个传声器，STRAUS 组合拾音制式使用四个传声器，但是在理论上，这两种拾音制式可以认为也是使用两个传声器，其他传声器的使用与立体声原理无关）。利用两个传声器"模仿"人的两只耳朵"听"音，并将这个声音记录下来的技术称为"立体声拾音技术"，"模仿"人的两只耳朵"听"音的两个传声器称为"立体声传声器系统"。

　　也有人将"立体声传声器系统"称为"主传声器"。这样称的原因是在录音的实际工作中，由于种种原因，除了使用两个"主传声器"以外，往往还需要使用数量不等的其他传声器，这些传声器称为"辅助传声器"。既使用"主传声器"又使用"辅助传声器"的录音工艺被称为"主、辅拾音方法"。

　　使用辅助传声器的原因是十分复杂的。其本质的原因是：传声器是一种声电能量转换设备，它的"听音"过程是"诚实"的、"死板"的，是物理意义上的"听音机器"。而人是活生生的生命体，人耳的"听音"过程十分复杂，物理的、生理的、心理的综合因素最终决定人将"听"到什么样的声音。

　　我们都有这样的经验，在一个并不安静的环境里十分专注听某人讲话时，我们对周围的噪音很有可能"听而不闻"，留在记忆里的只是对方讲话的内容。这说明人对声音信息具有"选择性"。如果将此人讲的话录音，很可能连讲话的声音都听不清楚，更听不到讲话的内容，这就是传声器对声音"忠实"的结果。

　　我们还会有这样的体会，在音乐厅前几排右侧边缘的座位欣赏交响音乐会时，在演出开始的最初几分钟，我们不得不忍受乐队沉重的低音声部，几乎听不到旋律声部，几分钟之后，我们就逐渐听到了整个乐队的声音，并且是各声部音量均衡，融合成很好的音乐。这是因为我们根据以往对交响音乐的听音经验，以及对距离我们较远声部声音的"听音渴求"，人的大脑"命令"我们将乐队不平衡的声音调整至平衡。这说明人对声音信息具有调节功能。当然，任何录音师不可能选择这样的位置录音，因为这个录音注定失败。这也是传声器对声音"忠实"的结果。

　　当然，传声器对声音信号的"拾取"和人对声音信息的"捕捉"之间还有很多奇特的差异，比如传声器随声源入射角度而改变的频率相应等。显然，传声器无法完成对人复杂听音的"替代作用"，为了使"记录"的声音更"人性化"，有时根据需要借助辅助传声器以"矫正"传声器的"非人性"便顺理成章，甚至是必需的。

使用辅助传声器大致有以下几个目的：

1. 弥补个别声音较弱的声部。

2. 突出录音作品中需要加强的声部，如独唱、独奏。

3. 弥补个别乐器和声场的声学缺陷。

从主传声器和辅助传声器称谓的本身就已经界定了二者的主从关系。主传声器可以说相当于我们听音时的"耳朵"。在技术层面上，主传声器担当确立声像定位、保证音响平衡、刻画厅堂特性等主要任务。在艺术层面上，主传声器则在保持音乐风格、渲染现场气氛等方面起着决定性作用。笔者建议，尽量只使用一对主传声器，少用、最好不用辅助传声器，尤其做"一次合成"现场录音时更是如此，只用主传声器录音是录音师理解音乐风格、熟悉音乐作品、了解厅堂特性、熟练驾驭录音设备综合素质的集中体现，这样的录音精品是很多的。

辅助传声器的使用一定处于从属地位。有时一个辅助传声器的加入，可能需要再使用若干个辅助传声器才能使声音得以平衡，甚至"欲盖弥彰"，最终导致录音失败。

辅助传声器的使用需要注意以下一些问题：

1. 控制主传声器与辅助传声器之间的电平关系。辅助传声器的电平绝不能大于主传声器的电平，以保证不破坏主传声器对整体音响的总体控制作用。

2. 辅助传声器的声像应该与主传声器对该点声像的确立相吻合，利用调音台上辅助传声器通道的 Pan Pot 完成。

3. 也可以使用立体声传声器系统做辅助传声器，对某一声群或体积较大乐器塑造立体声，但它仍然是辅助传声器，并遵循辅助传声器的使用原则。

4. "人头立体声"中的各种拾音制式做主传声器时，一般不要加辅助传声器，以免破坏声像定位。

5. 在使用多个辅助传声器时，应遵守 3：1 规则。

## 9.5　3：1 规则

在同时使用多个辅助传声器时，应遵守 3：1 规则，这是个常识。因为笔者经常被问到这个问题，所以有必要将 3：1 规则进行较详尽的阐述。

林达悃先生在他著的《录音声学》[①]中对"3：1 规则"进行了清楚的解释："……尽管要消除传声器之间的相互作用是不可能的，但遵循所谓的'3：1'定律则可将大多数相位

---

① 林达悃 . 录音声学 [M]. 北京：中国电影出版社，1995：269.

抵消问题减到最小限度。……如果传声器与声源之间的距离为 D，则不应将其他传声器放置在距这个传声器的 3D 范围内……"

林达恓先生指的"相位抵消"就是常说的"梳状滤波器效应"。关于"梳状滤波器效应"产生的机理本书已进行了相近的阐述（参照 4.1.6 "梳状滤波器效应"）。由于在录音时同时使用多个辅助传声器，很可能产生"梳状滤波器效应"，造成声音品质的降低。

如图 9-9 所示，在录音中，录音师需要对乐队中铜管乐器组的每一件乐器加一个辅助传声器，使用传声器 1 拾取小号的声音（图 9-9 中只标出一支小号，其他乐器未标出），传声器 2 ～ 5 分别拾取其他乐器的声音。图中传声器 1 距小号的距离为 X，5 个传声器的间距也都为 X。在录音中，当传声器 1 拾取小号声音的同时，传声器 2 ～ 5 也会拾取到小号的声音，且各传声器因距小号的距离依次增加，拾取的小号声音的时间差 $\Delta t$ 也依次增加，参照 4.1.6 "梳状滤波器效应"中的计算公式，根据时间差 $\Delta t$ 可以计算出产生相位差为 360° 的最低频率 fo 和相位差为 180° 的最低频率 fn。若图 9-9 中小号距传声器 1 的距离为 $l_1$，小号距传声器 2（或 3、4、5）的距离为 $l_2$，那么，传声器 1 与传声器 2（或 3、4、5）拾取小号声音信号的电平差 $\Delta L$ 的计算公式为：

$$\Delta L = 20\lg l_2/l_1 \qquad\qquad 公式 9\text{-}1$$

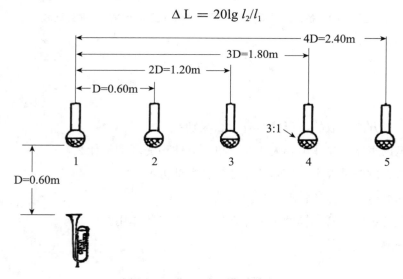

图 9-9 "3:1 规则"示意图

图 9-10 为各传声器间声音信号的"梳状滤波器效应"曲线比较。曲线①为传声器 1 拾取的正常声音频率特性曲线。曲线②～⑤为传声器 2 ～ 5 拾取的具有"梳状滤波器效应"现象的频率特性曲线。根据公式 9-1 可以计算出传声器 2、3、4、5 与传声器 1 的强度 $\Delta L$。分析图 9-10 中的各条曲线得出结论：因传声器 2、3、4、5 距小号的距离依次增加，拾取的小号声音与传声器 1 相比较强度依次减少，且"梳状滤波器效应"依次减弱。因为传声器 4 与传声器 1 的电平相比下降了 10dB，"梳状滤波器效应"现象减小对声音信

号的影响不大，此时，传声器 4 与传声器 1 的距离恰好是传声器 1 与小号距离的 3 倍。那么，当两传声器的间距大于其中一个传声器与声源的距离的 3 倍以上时，传声器拾取的声音信号被认为基本消除了"梳状滤波器效应"的影响，这被称为"3∶1 规则"。

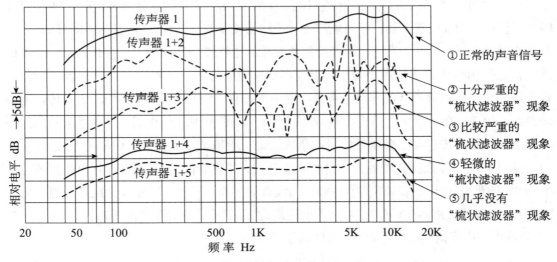

图 9-10　各传声器间声音信号的"梳状滤波器效应"曲线比较

【思考题】

1. 不同拾音方法拾取的声音信号有什么区别？

2. 房间（扬声器）立体声和人头（耳机）立体声的区别是什么？

3. 扬声器立体声重放声音信号的畸变包括哪些方面？

4. 如何理解声音信号各种畸变之间的关系？

5. 如何理解主传声器和辅助传声器在拾音中各自的作用？

6. 如何理解 3∶1 规则？

# 参考文献

## 中文文献

1. 李宝善 . 近代传声器和拾音技术 [M]. 北京：广播出版社，1984.
2. 李宝善 . 立体声应用技术 [M]. 上海：上海科学技术文献出版社，1982.
3. J. 耶克林 . 音乐录音 [M]. 熊国新，译 . 北京：中国广播电视出版社，1984.
4. 张绍高 . 广播中心技术系统 [M]. 北京：国防工业出版社，1984.
5. 电声词典 [G]. 北京：国防工业出版社，1993.
6. 严凤仑 . 广播节目制作 [M]. 北京：国防工业出版社，1994.
7. 林达悃 . 录音声学 [M]. 北京：中国电影出版社，1995.
8. 梁洪才，孙欣，郝键 . 影视录音 [M] . 北京：科学文献出版社，1993.
9. 李万海 . 录音音响学 [M]. 北京：中国电影出版社，1984.
10. 张凤铸 . 音响美学 [M]. 北京：中国广播电视出版社，1997.
11. 徐文武 . 音响美学初探 [M]. 北京：中国广播电视出版社，1993.

## 外文文献

1. J.N.Matthes. *Musik Übertragung*.GER: Vorlesungs Verlage an UdK，1987.
2. E.Sengpiel. *Musik Übertragung*. GER: Vorlesungs Verlage an UdK，1987.
3. T.Görne. *Mikrofone in Theorie und Praxis*. GER: Elektor-Verlag GmbH Aachen，1990.
4. M. Dickreiter. *Handbuch der Tonstudiotechnik*[M]. GER: Verlag Dokumentation Saur KG，München，1994.
5. J. Wuttke. *Mikrofonaufsätze*. GER: Schoeps GmbH，2000.
6. G. Boré S. Peus. *Mikrofone für Studio-und Heimstudio-Anwendung*. GER: Georg Neumann GmbH Katalog，2002.
7. J.Webers. *Tonstudiotechnik*. GER: Franzis-Verlags GmbH München，1985.
8. Francis Rumsey，Tim McCormick. *Sound and Recording*. FRA: Focal Press，2002.

# 附录1  本书符号注释

| 符号 | 章节 | 注释 |
|------|------|------|
| c | 2.2.1 | 扬声器立体声重放系统中两扬声器中点 |
| b | 2.2.1 | 扬声器立体声重放系统中两扬声器连线 |
| h | 2.2.1 | 扬声器立体声重放系统中听音人与两扬声器中点的垂线 |
| $\alpha$ | 2.2.1 | 扬声器立体声重放系统中听音人与每个扬声器的夹角 |
| $L_1$ | 2.2.1 | 扬声器立体声重放系统中左扬声器 |
| $L_2$ | 2.2.1 | 扬声器立体声重放系统中右扬声器 |
| $\Delta t$ | 2.2.3 | 时间差 |
| $\Delta L$ | 2.2.4 | 强度差 |
| L | 2.2.4 | Level |
| $\Delta P$ | 2.2.4 | 强度差 |
| S | 3.3 | 表示随声波入射角度而改变的传声器灵敏度 |
| $S_0$ | 3.3 | 表示声波 0 度入射时的灵敏度 |
| $\theta$ | 3.3 | 表示声波入射角度 |
| A | 3.5 | 表示该指向性图形所含圆形部分的含量 |
| B | 3.5 | 表示该指向性图形所含 8 字形部分的含量 |
| S | 3.5 | 随声波入射角度而改变的传声器指向性系数 |
| $l_1$ | 4.1.1 | AB 拾音制式中声源到一个立体声传声器的距离 |
| $l_2$ | 4.1.1 | AB 拾音制式中声源到另一个立体声传声器的距离 |
| $\Delta l$ | 4.1.1 | AB 拾音制式中声源到两个传声器的距离差 |
| S | 4.1.1 | AB 拾音制式中的声源 |
| $\theta$ | 4.1.1 | AB 拾音制式中声源入射角度 |
| a | 4.1.1 | AB 拾音制式中立体声传声器间距 |

| | | |
|---|---|---|
| d | 4.1.1 | AB 拾音制式中声源距两传声器连线的距离 |
| r | 4.1.1 | AB 拾音制式中声源距两传声器连线中点的距离 |
| b | 4.1.2 | 立体声拾音制式中两扬声器间距 |
| h | 4.1.2 | 听音人与两扬声器连线中点的距离 |
| θ | 4.1.2 | 声像定位点与听音人的夹角 |
| $\theta_s$ | 4.1.3 | 声源相对立体声传声器系统入射角度 |
| $\theta_{max}$ | 4.1.3 | 立体声拾音制式的拾音范围角度 |
| $\Delta\varphi$ | 4.1.4 | 相位差 |
| $\Delta f$ | 4.1.4 | 音色差 |
| $\Delta t_{max}$ | 4.1.6 | 立体声传声器系统拾取的最大时间差 |
| υ | 5.1.1 | XY 拾音制式传声器偏移角度 |
| α | 5.1.1 | 立体声传声器系统主轴张开角度 |
| φ | 5.1.1 | 立体声传声器系统"有效拾音范围角度" |
| X | 5.1.1 | XY 拾音制式中的 X 传声器 |
| Y | 5.1.1 | XY 拾音制式中的 Y 传声器 |
| $\theta_s$ | 5.1.1 | 声源相对 XY 拾音制式传声器系统（指两个传声器）的入射角度 |
| $\theta_{in}$ | 5.1.1 | XY 拾音制式中相对某一个传声器的声源入射角度 |
| $M_0$ | 5.1.2 | 传声器输出为零的角度 |
| M | 5.2 | MS 拾音制式的 M 传声器 |
| S | 5.2 | MS 拾音制式的 S 传声器 |
| $S_{max}$ | 5.2.3 | MS 拾音制式中 S 传声器音量电位器变量最大值 |
| $M_{max}$ | 5.2.3 | MS 拾音制式中 M 传声器音量电位器变量最大值 |
| A | 5.4 | MS 制式中 M 传声器的全方向性部分含量 |
| x，y | 5.4 | M，S 传声器相对于 XY 传声器的电平比系数 |
| a | 6.1 | ORTF 拾音制式中立体声传声器间距 |

# 附录2　本书计算公式一览

1. 压差式传声器声随波入射角度而改变的传声器灵敏度公式

$$S = S_0 \cdot \cos\theta \qquad \text{公式 3-1}$$

式中：

S 表示随声波入射角度而改变的传声器灵敏度

$S_0$ 表示声波 0 度入射时的灵敏度（$\theta = 0$，一般取常数 1）

$\theta$ 表示声波入射角度

2. 传声器指向性系数数学计算公式

$$S(\theta) = A + B \cdot \cos\theta \qquad \text{公式 3-2}$$

式中：S= 随声波入射角度而改变的传声器指向性系数

$\theta$= 相对 0 度的声波入射角度

A= 指向性图形圆形部分含量（压强分量）

B= 指向性图形 8 字形部分含量（压差分量）

3. 将传声器含有 A 和 B 部分含量带入公式 1-2 各种指向特性传声器的
   传声器指向性系数计算公式

| | | |
|---|---|---|
| 圆形 | $S(\theta) = 1 + 0 \cdot \cos\theta = 1$ | 公式 3-3 |
| 扁圆形 | $S(\theta) = 0.75 + 0.25 \cdot \cos\theta$ | 公式 3-4 |
| 心形 | $S(\theta) = 0.5 + 0.5 \cdot \cos\theta$ | 公式 3-5 |
| 超心形 | $S(\theta) = 0.366 + 0.634 \cdot \cos\theta$ | 公式 3-6 |
| 锐心形 | $S(\theta) = 0.25 + 0.75 \cdot \cos\theta$ | 公式 3-7 |
| 8 字形 | $S(\theta) = 0 + 1 \cdot \cos\theta = \cos\theta$ | 公式 3-8 |

4. 随声源入射角度的变化传声器输出电平衰减计算公式

$$20\lg|S(\theta)|\,\text{dB} \qquad \text{公式 3-9}$$

即

$$20\lg|A + B \cdot \cos\theta|\,\text{dB} \qquad \text{公式 3-10}$$

5. AB 拾音机制式点声源 Δt 计算公式:

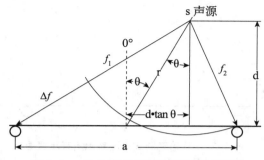

图 4-1  AB 拾音制式点声源拾音示意图

图 4-1 中:

$l_1$:声源到一个立体声传声器的距离;

$l_2$:声源到另一个立体声传声器的距离;

$\Delta l$:声源到两个传声器的距离差;

S:声源;

θ:声源入射角度;

a:立体声传声器间距

为了计算方便,根据三角函数原理作图,得:

d:声源距两传声器连线的距离,$d = r \cdot \cos\theta$;

r:声源距两传声器连线中点的距离。

$$l_1 = \sqrt{d^2 + \left(\frac{a}{2} + d \cdot \tan\theta\right)^2}$$ 公式 4-1

$$l_2 = \sqrt{d^2 + \left(\frac{a}{2} - d \cdot \tan\theta\right)^2}$$ 公式 4-2

$$d = r \cdot \cos\theta$$

$$\Delta t = \frac{\Delta l}{c} = \frac{l_1 - l_2}{c}$$ 公式 4-3

式中    c=343m/s

6. AB 拾音制式 ΔL 计算公式:

$$\Delta L = 20\lg\frac{l_1}{l_2}$$ 公式 4-4

7. AB 拾音制式平面声源 Δt 计算公式

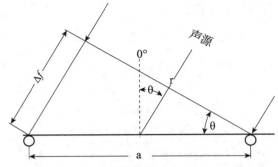

图 4-2　AB 拾音制式平面声源拾音示意图

根据三角函数定理，图 4-2 中：

$$\Delta l = a \cdot \sin\theta \qquad\qquad 公式 4\text{-}5$$

$$\Delta t = \frac{\Delta l}{c} = \frac{a}{c} \cdot \sin\theta \qquad\qquad 公式 4\text{-}6$$

8. 1.5ms 为定值代入公式 4-6 得到：

$$\theta = \arcsin = \frac{\Delta t \cdot c}{a} \qquad\qquad 公式 4\text{-}7$$

式中：a ≥ 51.45cm

9. AB 拾音制式传声器间距 a 计算公式：

$$a = \frac{\Delta t \cdot c}{\sin\theta} = \frac{1.5 \times 10^{-3} \times 343}{\sin\theta} \qquad\qquad 公式 4\text{-}8$$

10. AB 拾音制式音范围角度 $\theta_{max}$ 计算公式：

$$\theta_{max} = \arcsin\frac{\Delta t \cdot c}{a} = \arcsin\frac{1.5 \times 10^{-3} \cdot 343}{a} \qquad\qquad 公式 4\text{-}9$$

11. 两信号相加产生相位抵消的最低频率 $f_o$（相位差为 180°）计算公式：

$$f = — \qquad\qquad 公式 4\text{-}10$$

12. 两信号相加产生相位叠加的最低频率 $f_n$（相位差为 360°）计算公式：

$$f_n = \frac{0.5}{\Delta t} \qquad\qquad 公式 4\text{-}11$$

13. XY 拾音制式的有效拾音范围角度计算公式：

$$\varphi = M_0 - \upsilon \qquad\qquad 公式 5\text{-}1$$

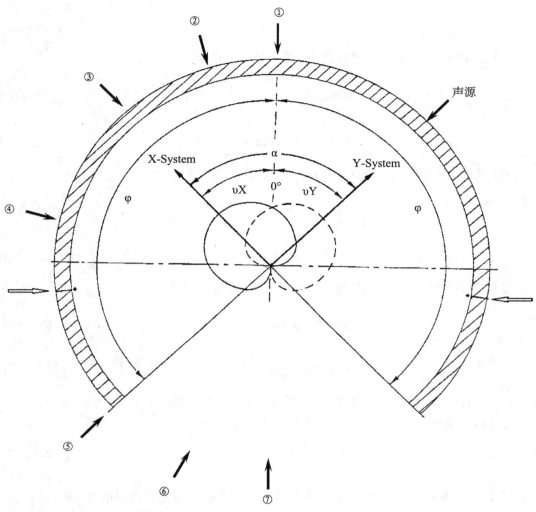

14. XY 拾音制式声道间 $\Delta L$ 计算公式：

$$\Delta L=20\lg X/Y \text{ dB}$$   公式 5-2

15. XY 拾音制式 X 和 Y 传声器指向性系数计算公式：

（1）使用两个心形指向特性传声器组成的 XY 拾音制式

$$X=0.5+0.5\cos(\frac{\alpha}{2}+\theta_s)$$   公式 5-3

$$Y=0.5+0.5\cos(\frac{\alpha}{2}-\theta_s)$$   公式 5-4

（2）使用两个锐心形指向特性传声器组成的 XY 拾音制式

$$X=0.25+0.75\cos(\frac{\alpha}{2}+\theta_s)$$   公式 5-5

$$Y=0.25+0.75\cos(\frac{\alpha}{2}-\theta_s) \qquad \text{公式 5-6}$$

（3）使用两个超心形指向特性传声器组成的 XY 拾音制式

$$X=0.366+0.633\cos(\frac{\alpha}{2}+\theta_s) \qquad \text{公式 5-7}$$

$$Y=0.366+0.633\cos(\frac{\alpha}{2}-\theta_s) \qquad \text{公式 5-8}$$

（4）使用两个 8 形指向特性传声器组成的 XY 拾音制式

$$X=\cos(\frac{\alpha}{2}+\theta_s) \qquad \text{公式 5-9}$$

$$Y=\cos(\frac{\alpha}{2}-\theta_s) \qquad \text{公式 5-10}$$

（5）使用两个扁圆形指向特性传声器组成的 XY 拾音制式

$$X=0.75+0.25\cos(\frac{\alpha}{2}+\theta_s) \qquad \text{公式 5-11}$$

$$Y=0.75+0.25\cos(\frac{\alpha}{2}-\theta_s) \qquad \text{公式 5-12}$$

式中　$\alpha/2$（主轴张开角度的一半）即 $v$（传声器偏移角度）

16. MS 拾音制式的加减器中 M 信号与 S 信号的生成：

$$L=M+S \qquad \text{公式 5-13}$$
$$R=M-S \qquad \text{公式 5-14}$$

17. MS 拾音制式心形指向特性传声器做 M 传声器的有效拾音范围角度计算公式：

$$\varphi=2\arctan\frac{M_{max}}{2S_{max}} \qquad \text{公式 5-17}$$

18. MS 拾音制式 8 形指向特性传声器做 M 传声器的有效拾音范围角度计算公式：

$$\varphi=\arctan\frac{M_{max}}{S_{max}} \qquad \text{公式 5-18}$$

19. MS 拾音制式全方向指向特性传声器做 M 传声器的有效拾音范围计算公式：

$$\varphi=\arcsin\frac{M_{max}}{S_{max}} \qquad \text{公式 5-19}$$

20. MS 拾音制式心形指向特性传声器做 M 传声器的拾音范围角度计算公式：

$$\theta_{max}=2\arctan\left(\frac{M_{max}}{2S_{max}}\times\frac{0.776}{1}\right) \qquad \text{公式 5-20}$$

21. MS 拾音制式 8 形指向特性传声器做 M 传声器的拾音范围角度计算公式：

$$\theta_{max} = \arctan \frac{M_{max}}{S_{max}} \times \frac{0.776}{1}$$
公式 5-21

22. MS 拾音制式全方向指向特性传声器做 M 传声器的拾音范围角度计算公式：

$$\theta_{max} = \arcsin \frac{M_{max}}{S_{max}} \times \frac{0.776}{1}$$
公式 5-22

23. 立体声拾音技系统中两传声器指向性比例关系

$$A + B = 1$$
公式 5-23

24. MS 拾音制式中 M 传声器的指向性系数公式

$$M = A + B \cos\theta_s$$
公式 5-26

25. MS 拾音制式中 S 传声器的指向性系数公式

$$S = \cos(90° + \theta_s)$$
公式 5-27

26. XY 制式和 MS 制式等效转换中 S 传声器的指向性系数公式

$$X = A + (1-A)\cos\left(\frac{\alpha}{2} + \theta_s\right) = M + S =$$
$$x\left[A' + (1-A')\cos\theta_s\right] + y\cos(90° + \theta_s)$$
公式 5-30

27. 3 : 1 原则中两传声器拾取声音信号的电平差 Δ L 计算公式

$$\Delta L = 20\lg l_2/l_1$$
公式 9-1

# 后　记

　　2017 年还有几天就要结束了，今年是我职业生涯又一个重要的节点。回忆从 1972 年开始学习音响专业并接触录音到今天，已经整整过去 45 个年头了。如果说对自己从事了大半生的录音专业有个交代的话，这本《立体声拾音技术》小书算是其中之一了。

　　这本书 2004 年首先由中国广播电视出版社出版，十几年来，它是我上课的主要讲稿；同时，它也被国内一些有录音专业的院校作为教材。但是当时由于我匆匆写就，出现了一些内容的缺失和校对的疏漏。这次借"录音专业十二五规划教材"出版的机会，我增补了部分内容，并对章节进行了调整。

　　这本书的出版首先我要感谢我在德国留学期间德国柏林艺术大学音乐学院音乐录音专业的两位恩师——著名的 J.N.Matthes 教授和 E.Sengpiel 教授。在师从他们五年多的时光里我受益匪浅：在课堂上，从他们那里学习到了录音技术；在录音棚里，从他们那里体会到了创作思想；在生活中，从他们那里领悟到了敬业精神。我希望将这些技术、思想和精神都渗透在这本书的字里行间。现在，两位恩师都已经作古，在这里，我向他们表示深深的敬意和永远的怀念。

　　感谢中国传媒大学出版社的曾婧娴编辑的帮助和宽容，感谢朱伟教授对本书的许多技术问题进行了佐证。

　　感谢我的同事袁邈桐和李洋红琳两位老师协助我补充了内容，并完成最终的校对。

李　伟

2017.12 于海南

**图书在版编目（CIP）数据**

立体声拾音技术 / 李伟，袁邈桐，李洋红琳著 . -- 北京：中国传媒大学出版社，2018.5
（2023.8 重印）

录音艺术专业"十二五"规划教材

ISBN 978-7-5657-2315-5

Ⅰ.①立… Ⅱ.①李… ②袁… ③李… Ⅲ.①立体声录音—高等学校—教材
Ⅳ.① TN912.12

中国版本图书馆 CIP 数据核字 (2018) 第 069373 号

录音艺术专业"十二五"规划教材

## 立体声拾音技术
LITISHENG SHIYIN JISHU

| | |
|---|---|
| 著　　　　者 | 李　伟　袁邈桐　李洋红琳 |
| 责 任 编 辑 | 曾婧娴 |
| 装帧设计指导 | 吴学夫　杨　蕾　郭开鹤　吴　颖 |
| 设 计 总 监 | 杨　蕾 |
| 装 帧 设 计 | 刘　鑫　滕娅妮 |
| 责 任 印 制 | 李志鹏 |

| | | | | |
|---|---|---|---|---|
| 出 版 发 行 | 中国传媒大学出版社 | | | |
| 社　　　　址 | 北京市朝阳区定福庄东街 1 号 | 邮　　编 | 100024 | |
| 电　　　　话 | 86-10-65450528　65450532 | 传　　真 | 65779405 | |
| 网　　　　址 | http:// cucp.cuc.edu.cn | | | |
| 经　　　　销 | 全国新华书店 | | | |

| | |
|---|---|
| 印　　　　刷 | 唐山玺诚印务有限公司 |
| 开　　　　本 | 787mm×1092mm　1/16 |
| 印　　　　张 | 9.25 |
| 字　　　　数 | 197 千字 |
| 版　　　　次 | 2018 年 5 月第 1 版 |
| 印　　　　次 | 2023 年 8 月第 4 次印刷 |

| | | | |
|---|---|---|---|
| 书　　　　号 | ISBN 978-7-5657-2315-5/TN·2315 | 定　　价 | 38.00 元 |

本社法律顾问：北京嘉润律师事务所　郭建平

致力专业核心教材建设　提升学科与学校影响力

# 中国传媒大学出版社陆续推出

## 我校 15 个专业 "十二五" 规划教材约 160 种

播音与主持艺术专业（10 种）

广播电视编导专业（电视编辑方向）（11 种）

广播电视编导专业（文艺编导方向）（10 种）

广播电视新闻专业（11 种）

广播电视工程专业（9 种）

广告学专业（12 种）

摄影专业（11 种）

录音艺术专业（12 种）

动画专业（10 种）

数字媒体艺术专业（12 种）

数字游戏设计专业（10 种）

网络与新媒体专业（12 种）

网络工程专业（11 种）

信息安全专业（10 种）

文化产业管理专业（10 种）

本书更多相关资源可从中国传媒大学出版社网站下载

网址：http://cucp.cuc.edu.cn

责任编辑：曾婧娴　　意见反馈及投稿邮箱：39797430@qq.com

联系电话：010-6578 3601